# 习惯背后的习惯

习惯如何形成，又该如何打破

[澳] 卢克·马瑟斯 著
（Luke Mathers）

韩凝 译

# CURIOUS
# HABITS

WHY WE DO WHAT WE DO AND HOW TO CHANGE

北京联合出版公司
Beijing United Publishing Co.,Ltd.

## 图书在版编目（CIP）数据

习惯背后的习惯：习惯如何形成，又该如何打破 /（澳）卢克·马瑟斯著；韩凝译. -- 北京：北京联合出版公司，2024.4

ISBN 978-7-5596-7405-0

Ⅰ.①习… Ⅱ.①卢… ②韩… Ⅲ.①习惯性－能力培养－通俗读物 Ⅳ.① B842.6-49

中国国家版本馆 CIP 数据核字（2024）第 011985 号
北京市版权局著作权合同登记 图字：01-2024-0451 号

Curious Habits: Why We Do What We Do and How to Change
Copyright © 2022 Luke Mathers
First published in 2022 by Major Street Publishing Pty Ltd
All rights reserved.
Simplified Chinese rights arranged through CA-LINK International LLC (www.ca-link.com)

**习惯背后的习惯：习惯如何形成，又该如何打破**

作　　者：[澳]卢克·马瑟斯
译　　者：韩凝
出品人：赵红仕
选题策划：北京时代光华图书有限公司
责任编辑：徐鹏
特约编辑：李艳玲
封面设计：亢莹莹

北京联合出版公司出版
（北京市西城区德外大街 83 号楼 9 层　100088）
北京时代光华图书有限公司发行
北京雁林吉兆印刷有限公司印刷　新华书店经销
字数 202 千字　880 毫米 ×1230 毫米　1/32　9.75 印张
2024 年 4 月第 1 版　2024 年 4 月第 1 次印刷
ISBN 978-7-5596-7405-0
定价：68.00 元

**版权所有，侵权必究**
未经书面许可，不得以任何方式转载、复制、翻印本书部分或全部内容。
本书若有质量问题，请与本社图书销售中心联系调换。电话：010-82894445

# 目 录
## CONTENTS

译者序 01
序言 你想改变自己来适应世界,还是想改变世界来顺应自己 07
引言 要想改变习惯,必须对习惯充满好奇 11

## 第 1 部分
## 对习惯充满好奇

### 第 1 章 我们是习惯的集合体
我们不过是无数习惯的集合体。

研究习惯的实验:"流口水的狗"和"跳舞的鸽子" 006
是什么驱动我们形成习惯 010
旧大脑与新大脑 017
情绪、记忆和行动 018
成瘾之后,习惯开始背弃你 021

## 第 2 章　将习惯拆分重组

无聊的解药是好奇心。好奇心没有解药。

沙丘上的小径——神经通路　032
好奇心具有魔力　034
默认习惯循环　036
将"焦虑的触发点"视为"激发好奇心的信号"　038
留心结果——想想最近一次习惯给你带来了什么　039
为你的"无限循环"找到你的"潮汐习惯"　043

## 第 3 章　重新审视你的默认习惯

疯狂就是一遍遍重复相同的事情,却期望不同的结果。

行动带来答案　054
习惯—替换　055
对提示信号保持好奇　064

# 第 2 部分
# 奇怪的习惯

## 第 4 章　待在舒适区

舒适区——待在一个地方太久,就会成为常态。要学会适应不舒服的状态。

繁重的苦力一定要去做　075
不尝试的结果是遗憾　077

## 第 5 章　完美主义

完美主义是梦想的杀手,因为它不过是恐惧的乔装打扮,假装自己正在努力做到最好。

舒适不等于快乐　086
期待会孕育怨恨　087
寻找卡洛斯　089

## 第 6 章　拖延

如果可以拖到明天,为什么要今天做呢?

痛苦与无聊——我们为什么会拖延　100
如果……我就会开始?直接去做吧　101
巧妙利用"刻意拖延"　105

## 第 7 章　自我对话

我脑袋里那个声音就是个混蛋。

弄清楚是谁在说话　112
清楚自己的最佳版本　114
你是否在喂养你的克星　117
冒充者综合征是个悖论　119

## 第 8 章　积极乐观

如果什么错都没犯却一直输,你就该换个游戏了。

有毒的积极性　126
残酷的乐观主义　129

## 第 9 章　活在落差中

衡量进步的方法是看你距离起点有多远,而不是距离理想有多远。

落差与收获　138
解构"GAP",缩小落差　139

## 第 10 章　比较

比较是偷走快乐的贼。

用食物缓解压力　158
苹果只能与苹果做比较　161
因为失去强连接,所以在比较后绝望　163
人们喜欢感受自己是"部落"的一分子　166

## 第 11 章　被社交媒体掠夺注意力

大量的时间浪费都起始于一次小小的注意力分散。

我们的注意力是如何被分散的　175
建立自己的降噪习惯　181
尝试"阶段性禁食"　182

## 第 12 章　自己扛

你活得很痛苦,不意味着你是个负担,不意味着你不被爱、不受欢迎或不值得关心,也不意味着你让人无法承受、过度敏感或需求太多。它只意味着你是个人。

很多人都会在需要别人时选择退缩　188
请求并接受帮助是完全可以的　190

## 第 13 章　害怕恐惧

我们都会害怕，但我们的勇气远胜于恐惧。

我们对于恐惧的奇怪恐惧　196
战胜内心的"第一恐惧"　197

## 第 14 章　只"浇水"，不"换盆"

当花朵不绽放的时候，你需要调整的是环境，而非花朵。

我被诊断为抑郁症　203
"换盆"后我很快恢复了活力　206

## 第 15 章　习惯性焦虑

担心就像坐在摇椅上，看似有事可做，实则原地踏步。

焦虑只是你的情绪，并不能定义你　214
捕捉，等待，重启　215

## 第 16 章　喂食压力怪兽

食物是最被滥用（且无效）的抗焦虑药物，而运动则是最少被使用的抗抑郁药物。

"去他的"效应　224
建立容错机制　225

## 第 17 章　醉酒

我喝酒是为了让其他人显得更有趣。

既然记不住，那意义何在　231

"无趣之人" 232
酒后短视 234

## 第 18 章　用成就定义价值

并不是面对了，任何事情都能改变，但是如果不面对，任何事情都不会有任何改变。

不快乐的成就者　243
进化和确认感　245
从错误的地方寻求确认感　248

## 第 19 章　避免艰难的对话

当我们回避艰难的对话时，我们便将短期的不适置换成了长期的紊乱。

冲突不可怕，争斗没必要　256
"但我可能让他们不开心"　257

## 第 20 章　敷衍了事

我有一种非常强烈的感觉，爱的相反面不是恨，而是冷漠，是不屑一顾。

后记　269
致谢　273
参考文献　275

## 译者序

你想要改变自己吗?

想到这个问题,相信我们都可以如数家珍地说出自己身上各类不讨人喜欢的地方。也许你认为自己需要更努力,需要多读书、多运动、早睡早起、健康饮食……也许你觉得自己没有毅力,也许你指责自己不够勤奋,也许你责怪自己只想"躺平"、毫无斗志。但是,你有没有想过,也许你无法改变恰好是因为你太想改变?

暂停一下,不妨回头看一看,当你想到这个问题的时候,你的面部表情是怎样的?眉头是不是皱了起来,嘴角是不是也无意识地绷紧了?甚至可能在这样的时刻,你都感受不到身体正做出一种并不舒服的姿势?

这是为什么呢?

当我们看到自身很多的坏习惯时,我们想要改变自己,这明明是一个非常良善的意图,却导致我们内心纠结、心情烦躁,甚至连身体都僵硬紧绷。真实的原因在于，当我们太想要改变自己时，我们没有意识到这种思维方式恰好来自"匮乏""指责""评判"等负面视角。看似无害的评判，让我们和自己产生了对立，让我们成为自己最强悍的敌人。在这种视角之下，想要改变的心越强烈，就越具侵略性地将自己推到"不够好"的状态。在这种拉锯战中，双方力量此消彼长。那么，本就缺乏力量的我们，要如何在顶住压力的同时拥有额外的力量落实改变呢？

这种看似正向的思维，却在一开始就将长期改变的可能性完全封闭了起来。

我们如果真的想要改变自己，就得先了解自己。不但要了解自己建立"坏"习惯的动机，也得了解这些习惯得以维持的根本原因。

本书为我们提供了贴合人性，甚至切合生理、心态、脑部构造、人类发展和心理学研究的全新视角，让我们真正全面了解习惯。

你看看周围的世界，尽管仍旧有很多的不完美，但是总体进入了一个可以吃饱穿暖的年代。至少有能力购买书籍的人，也往往有能力承担自己最基础的温饱问题。然而从进化的角度看来，我们却并没有抛弃曾经帮助人类在史前时代幸存下来的基因。那些骁勇善战、机智勇猛的人才可能幸存并成为我们的祖先。除了勇猛，他们其实还得谨慎、多疑、居安思危，甚至焦虑不安。只有足够谨慎才能活命的本能延续了一代又一代，保留在我们的基因里。我们本能中战斗、逃跑、觅食和繁衍的天性从未消亡，与之相伴的还有——即时满足。这些"焦虑不安"的基因让我们只看眼前，而顾不得更长远的目标。在充满不确定性的生活中，活下来才是第一要务，除此之外的事情都得退居后方。这导致我们更加关注建立各种"避免痛苦、寻求快乐、节省能量"的习惯。而恰是这些守护我们安危的本能，却在我们想要改变的时候不断地制造各式冲突。

当我们出于"良好意图"去改变自己的时候，认为自己不够好的内在指责会让我们格外不适，这种不适感激活了"避免痛苦"的本能——"这么不舒服，我为什么要去触碰这个话题？"

暂时的摆烂又是那么诱人，电视剧、薯片、短视频、游戏，各种休闲娱乐可以快速地让我们舒服起来，这又激活了我们"寻求快乐"的本能。

而当我们需要付诸行动的时候，我们"节省能量"的本能又被激活了——"多努力一次，明天又没有成果，我干吗要现在就行动？"

这也不奇怪，我们时刻奋进，又时刻懈怠。

其实，改变自己的第一步就是：真实、客观又全面地了解自己。

而改变自己的第二步就是：放下自我对抗。我们需要足够的能量去行动，不要把能量浪费在跟自己的斗争上。接纳内在的本能固化的现实，才可以脱离本能的禁锢。

如何做到呢？这个答案就藏在我们每个人的内心——好奇心。

现在，开始让好奇心闪耀光芒吧。带着好奇心和接纳的态度去看待自认为"糟糕透顶"的习惯，充满慈爱地问问自己："我为什么会这样呢？是因为我太累了，我想休息，还是因为我需要关爱，我需要鼓励？"像关爱一个真正挚爱的朋友一样去呵护自己："我一开始建立这个习惯的时候，想要获得的究竟是什么呢？"

关怀的视角让我们开始了对自我的接纳，而好奇心则可以直达龙潭，挖掘出潜意识当中建立这个习惯最初的目的。

如果你真的带着好奇心和接纳之心去了解自己，你就会发现，所有习惯都有其正向目的。也许，习惯给你带来了痛苦中的一线快乐，或绝望中的一丝生机……你找到真实的原因，才能着手去研究，这个习惯现在的状态能否达成你最初的目的？

走到这一步，你就真的敲开了改变的大门。现在，我们只需要邀请你充满智慧的"理智头脑"进场，你就可以披荆斩棘地落实改变了。请运用逻辑、理性，客观地去审视一下："这个习惯能否给我带来我渴望的结果？"如果能，也许它并不是一个那么糟糕的习惯，而是你放松心情的调味品或者成功人生的助推器，你可以允许它继续存在。如果不能，那什么样的新习惯可以帮助你真正达到目的呢？你要如何寻找，如何落实，如何将它夯实为全新的神经回路，让它成为你的下意识行为呢？

这些答案，都藏在作者诙谐幽默的文字中。改变，本不应该是一个痛苦的过程，而应是一个让我们越发地享受生活的过程。

身为译者，除了很享受作者为我们层层揭开内心构造的过程以外，也真实地体会到了作者毫不晦涩的文风营造出的轻松愉悦的阅读体验。作者从生物进化学聊到脑神经科学，从行为主义心理学穿插到正念冥想，从斯多葛学派（Stoic）[①]哲学到当前时代的网络用语。他善用年轻人的喜好，比如运用体育、音乐等搭建共情的桥梁，帮助我们更好地理解复杂的心理学、脑神经科学的知识。他在第一部分的内容中整体概括了有关改变习惯的理论知识；在后续的内容中，一个一个为我们拆解现代人共同面对的各类思维困境和负面习惯。

相信在阅读的过程当中，你会逐渐走进自己的内心世界，通过一个又一个的习惯拆解逐渐熟悉如何运用科学的方式获得健康的生活，学会如何发自内心地喜欢自己、接纳自己，从而迎来毫不费力的喜悦人生。

人生不是一场比赛，也没有逐步计分，我们都会犯错，也都会成长。改变，始于发自内心地爱自己，感恩自己的遗憾，感谢自己的坚持。从内在丰盛的角度，获得你想要的一切，以更放松的形式逐渐成为更好的自己。相信本书会帮助你更全面地了解自己，帮助你从"我怎么这么糟糕，我要更好"一步步走向"原来我真的很不错，我还可以这么优秀"。

愿我们每个人都可以爱上自己，爱上人生，爱上每一次挫折，爱上每一个恩典。

---

[①] 古希腊四大哲学学派之一，也是古希腊流行时间最长的哲学学派之一。（本书脚注基本为译者方便读者理解所加，后文不再一一说明。）

# 序言
## 你想改变自己来适应世界，
## 还是想改变世界来顺应自己

理性的人通过改变自己来适应世界，不理性的人通过改变世界来顺应自己。

——萧伯纳（George Bernard Shaw）

戴夫一直是个易怒的孩子，他甚至喜欢别人觉得他是疯子。12岁的他热爱棒球，并担任接手。这个瘦弱的金发小男孩脸上总是带着一抹坏笑，任何想上三垒的人都得先跟他过过招。不论对手远近，他那瘦骨嶙峋、还没发育成熟的肩膀都会撞向任何勇冲本垒的人。

他就是一个疯子接手，但他的队友们爱他。他是属于球队的疯子！甚至在还是个孩子的时候，戴夫就蛮横无理、桀骜不驯，真可谓是个十足的"小赤佬"。他兴风作浪又不近人情，但他似乎乐在其中。

戴夫的父亲是个酒鬼，在他 4 岁的时候就离开了家。两位姐姐分别年长他 18 岁和 15 岁，与其说是姐姐，她们更像是姨妈。

戴夫想要改变世界，尽管他不知道如何行动，不过他够愤怒、够坚决，也够蛮横，这足以推动一些事情发生。

20 世纪 70 年代末，十几岁的戴夫不断寻找着能够宣泄愤怒的方式。除了棒球，他又发现了"重金属"——夸张的发型、愤怒不羁的吉他，还有那震耳欲聋的声响。每每握住吉他，戴夫甚至能感觉到这就是他的使命。

父母离婚以后，戴夫和姐姐四处搬家，只为躲避愤怒的父亲。（有其父，必有其子！）15 岁的戴夫离开了家。后来，戴夫收集了大量铁娘子乐队（Iron Maiden）、AC/DC 乐队以及犹大圣徒乐队（Judas Priest）的唱片，数量之大足以惹恼任何不幸住在他隔壁的邻居。

随着 80 年代的到来，戴夫加入了一支乐队。乐队解散后，戴夫又根据报纸上的招募广告加入了另外一支乐队。他依旧那么愤怒，熊熊的怒火燃起了吉他的每一声嘶吼。他们的乐队开始录制首张专辑。

音乐方面一帆风顺，但是令人生厌的个性早晚会让戴夫自食恶果。1983 年的一天，队友们终于受够了这个才华横溢但是乖张易怒的吉他手。他被踢出乐队，被丢在了灰狗巴士站，只能自行回家。大为光火的戴夫不停写歌，誓要给他们点颜色看看。一回到旧金山的家，他就着手组建新乐队，这一次他誓要大展宏图。

戴夫的斗志、热情和桀骜不驯的天性终于迎来了回报。新乐队的专辑大卖 2500 万张，全球各地的演唱会门票场场售罄，他的乐队被誉为史上最顶尖的重金属乐队之一。

戴夫的全名是戴夫·马斯特恩（Dave Mustaine），这支乐队就是麦格戴斯乐队（Megadeth）。

愤怒帮助戴夫成为一名优秀的鞭挞金属（thrash metal）吉他手。有了愤怒的助力，他的音乐在 20 世纪八九十年代吸引了众多叛逆的青少年。在事业触礁之前，他的咄咄逼人、愤怒暴躁、放荡不羁给他带来了不少帮助。

你可能认为他会开心起来，但是酗酒、上瘾、愤怒和攻击性一如既往地持续着。他根深蒂固的愤怒思维习惯误导他产生了一个糟糕透顶的想法——只要获得成功，他就会快乐起来。然而，现实情况却事与愿违。

哈佛大学积极心理学学者肖恩·埃科尔（Shawn Achor）将这个想法称为"把快乐建构到认知范围之外"。其实，我们都会这样想：

- 如果我拥有世界上最强的鞭挞金属乐队，我就会快乐。
- 如果我这个月能付清房租，我就会快乐。
- 如果我能把牙缝里塞的宫保鸡丁肉剔出来，我就会很快乐。
- 如果我能买第七辆法拉利，我就会很快乐。

直到掌握某物或实现某事，才觉得自己可以快乐，这是一个奇怪的习惯。它毫无用处，我们却甘之如饴。

无论按照什么标准看，麦格戴斯乐队都是成功的。只是，戴夫在 1983 年被踢出的乐队是鼎鼎大名的金属乐队（Metallica），该乐队唱片销量高达 2.5 亿张，是史上最成功的重金属乐队。成功是相对的，但对于愤怒的戴夫而言，很不幸，他的参照物是最强乐队。

美国前总统西奥多·罗斯福（Theodore Roosevelt）将"比较心"称作"偷快乐的贼"。麦格戴斯乐队的主唱戴夫并没有体会到多少持久性的快乐。他的默认习惯就是从酒精和大型派对中寻欢作乐。他能体会到的那点快乐不是销声匿迹在无聊的迷雾中，就是不幸溺毙于琼浆玉液般的酒精里。他那易怒的奇怪习惯一直不肯离去，时时潜藏在背景中伺机而动，随时准备着泼上一瓢大煞风景的凉水。

戴夫的问题是什么？是他从未好奇过自己的习惯。

# 引言
## 要想改变习惯，必须对习惯充满好奇

> 我并非天赋异禀，我只是对世界充满了好奇。
> ——阿尔伯特·爱因斯坦（Albert Einstein）

海鞘这种动物的大脑很小，区区几千个神经元就足够它避开危险，并找到合适的安身之地。它懂得远离有毒物质，懂得寻觅食物和安全。一旦找到合适地点，它就会安顿下来——我的意思是，它会永久地定居。之所以说永久，是因为海鞘接下来就会开始消化自己的大脑。是的，你没看错。它在海底安顿下来之后就会开始吃自己的脑细胞。如果不再需要移动，就不需要脑子了。

在一次与我们当地市议会联合举办的研讨会上，我曾讲过这个故事。他们很肯定地说，他们内部有几个部门简直就是由海鞘组成的。

以海洋生物的故事来开启一本关于奇怪的习惯的书似乎有

些怪异，但无论是你还是我，其实都跟这有趣的小东西有很多共同之处。我们都会自发地靠近令人感觉良好的事物，并远离威胁。我们渴望安全，并努力节省能量。小时候，我们甚至也会"吃"掉自己的大脑——也许我们的方式没有海鞘朋友那么戏剧化，但是我们确实会经历一个复杂的发展过程，从而强化被大量使用的大脑区域，同时削减没有被利用的脑回路。

在你的童年，如果你经常踢球又讨厌阅读，那么跑步、接球、踢球的脑回路会格外强大，而与阅读相关的大脑区域则会减少。虽然你没有像海鞘一样进行一场"脑叶切除术"，但是大脑的确会按照你习惯的方式来重塑你自己。

与海鞘不同的是，人类的大脑由860亿个神经元组成，彼此之间存在着超100万亿神经连接。这是个极其复杂的装备。我们知道，脑袋里那个大大的灰冻球可是绝对的高耗能物体，它约占我们体重的2%，却消耗了我们20%的能量。如此昂贵的设备，要是没点好处，进化怎能允许它肆意妄为？

我们在一个没有7-Eleven便利店、麦当劳、奶酪玉米片的环境中进化。食物稀缺，而寻找食物又耗神耗力。如果不能帮助我们移动、保持安全、与他人联系、觅食，那么这个巨大又昂贵的大脑就是负担。

我们的大脑中有很大一部分专门服务于四个激励因素，进化生物学家将它们称为四大动机：战斗、逃跑、觅食，以及繁殖。出于节省能量的目的，由这四大动机驱动的大脑会有部分处在自动巡航模式中。

几千年来，四大动机为了我们鞠躬尽瘁。而随着环境越发丰富多彩，四大动机开始给我们捣乱了。肥胖、心脏病、压力、自体免疫性疾病和癌症愈加猖獗，只因我们并未慎重考虑摄入量、能量以及如何安排时间。尽管四大动机大有益处，但是如果缺乏方向引导，它们就会带来可怕的结果。之所以会导致问题，是因为它们倾向于短期安全感（或愉悦），而对我们的长期计划视而不见又漠不关心。

我们允许四大动机漂泊无定地行驶已经太久了。这四大动机，其实可以概括为三大动机：避免痛苦、寻求快乐、节省能量。我们的习惯——旨在帮助我们避免痛苦、寻求快乐、节省能量的习惯，能带我们走到现在已经很好了，然而，如果我们想在一个充满智能汽车、智能手机、无线网络、外卖、打车软件的世界里蓬勃发展，我们就需要对它们保持好奇。就像作家马歇尔·戈德史密斯（Marshall Goldsmith）的名言：把你带到今天的，未必助你走向未来。

尽管我们的世界更安全了，暴力减少了，医学也有了明显改善，最大程度地减轻了疾病带给人的痛苦，但仍存在易上瘾、爱分心、肥胖、焦虑、抑郁、生活混乱不堪的一众成年人。

但是，我们并不是必须如此，让我们好奇起来吧！

## 没有最多，只有更多

在二十多岁的年纪，我的奇怪习惯是：先疯狂地工作，再像摇滚巨星一样恣意狂欢。我是一名验光师，每天白天我都在帮助人们拥有更好的矫正视力；每当夜幕降临，或临近周末，我都竭尽所能地将所有乐趣挤进那为数不多的时间里。

当时，我经营着我的第一个生意：在英格兰西萨塞克斯郡克劳利（Crawley）这个悠闲的小镇开了一家连锁眼镜店。战后的小镇蓬勃发展，尽管满城充斥着砖块堆砌起来的毫无灵魂的建筑物，但是填满这些房屋的人远比这丑小鸭一般的城市有趣。在我接手前，这家店铺就像长满跳蚤的流浪狗一样遭人嫌：兴致索然、无人赏识的员工提供着不像话的服务，系统糟糕，冷漠的老板只在乎进账（关于这个奇怪的习惯，之后还有更多讲解）。店铺入不敷出，想挣大钱的老板急于脱身。

我留意到店铺其实客源不断，问题在于客户进门后并没有得到妥帖的接待。员工们虽然兢兢业业，但是再敬业的员工，如果碰上糟糕的系统，结果也只会是沮丧和倦怠。

新官上任的我，第一件事就是炒掉了经理。被戏称为"罗威纳犬"的经理让每一个员工都诚惶诚恐，他们害怕犯错，害怕被经理训斥。事无巨细的管理是一个奇怪的习惯，这个经理对此游刃有余，她必须离开。

我对我们的系统充满好奇，并且开始鼓励员工尝试新的工作方式。事实证明，他们有很多了不起的想法；他们需要感受到安全，只有安全才能让他们敢于表达，同时他们也需要信任，相信尝试新事物是被允许的，哪怕失败也是收获。

团队辛勤努力，全新的系统也带来了自主和认可，每个人都被注入了能量。没过多久，我们就创造了商业奇迹，财务担忧成为过去式，一切欣欣向荣地发展着。

那个时候，我的默认模式就是"没有最多，只有更多"。这个模式被我应用在工作、聚会、饮食、运动，以及任何我喜欢的事物上。然而我没有把它应用于照顾自己、冥想或者放松上。我按照邦乔维乐队（Bon Jovi）的原则生活——生就肆意生活，死后我自会长眠。就像所有奇怪的习惯一样，出问题之前它还算行之有效。

4年时间的漫长工作，加之英国冬天的气候（简直糟糕透顶）和无休止的派对，我感到精疲力竭，一心渴望回到澳大利亚的怀抱。我卖掉了下金蛋的鹅后就搬了回去。我用赚来的钱买了一栋房子，并将剩余部分做了投资，基本上我就算退休了（这是第一次）。那时的我仅仅31周岁。（这值得放烟花、飘彩旗、吹气球！）

听起来很棒，不是吗？埋头苦干了这么多年，终于熬出了头，我再也不需要工作了。挣扎于收支平衡，野心勃勃地大展宏图的日子终于结束了。我像中了头彩一样快乐似神仙。我把高尔夫差点降到了6，大部分的日子都在冲浪中度过。在那时我也迎来了孩子的出生，这又是我乌托邦生活中画龙点睛的一笔。

你是不是感觉到我马上就要说"但是"了？没错，你感觉对了！谨慎许愿，因为你可能会梦想成真。

18个月后，我开始感到躁动不安，失望和无聊充斥着我。我朋友们的事业蒸蒸日上，他们不仅对自己的前进方向非常满意，也因为正在为这个世界做贡献而感到欣喜。而我呢？我的自我价值完全依附于高尔夫球的得分或者冲浪能力。如果你见过我推杆或者冲浪状况频发的话,你就知道我面临多大的灾难。

这个世界因为你而变得更美好了吗?如果你的答案是"没有",请三思。如果答案仍是"没有",那就行动起来,做些积极的事情,做出贡献吧。如果你没有贡献,你的自我价值就会急剧下跌,无关紧要的事情也会变成天大的担忧。人类需要生活中的挑战。如果你没有一个能够为更大利益服务的挑战,你就会开始制造闹剧,为了解决问题而去制造问题。

非洲有一句谚语:"一个不被村庄接纳的孩子会通过烧毁家园来感受村庄的温暖。"要想被村庄全然接纳,你需要做出贡献。没有贡献感,你就会开始养成奇怪的习惯来烧毁你的生活。你会开始无事生非地胡闹,无中生有地制造难题,只为了体验那份热烈。这真是一个奇怪的习惯。

而这就是发生在我身上的事情。我用 4 年的时间创造了一份事业,为我的团队做贡献。突然间,一切戛然而止。"再也不用工作"带给我的解脱感和狂喜短暂得可笑,很快我就心如死灰。没有了目标,也失去了努力进步的压力,我的日子浑浑噩噩,分不清白昼黑夜的我,根本弄不清今夕是何年。

当生活失去平衡时,我们会渴望另一个极端。太忙了就想静静,无聊了又渴望刺激。正可谓"邻家的草分外青""这山望着那山高"。这是具有破坏性的,除非我们对自己的感受、想法和行为感到好奇。好奇心可以帮助我们体会到在两个极端间来回穿梭时的喜悦。一旦你掌握了好奇,你就拥有了最翠绿的草地。真实的好奇心可以带你回到当下,邀你开启接纳之心,助你真真正正地拥抱人生。

# 好奇心——改变的超能力

关于习惯的书籍不计其数——《掌控习惯》(*Atomic Habits*)、《福格行为模型》(*Tiny Habits*)、《高效能人士的七个习惯》(*Habits of Highly Effective People*)。这些书籍关注的是"如何改变""习惯的力量"以及"欲求不满的意识头脑"。自从摩西发现了十个不会惹恼上帝的习惯以来,伟大的哲学家、作家、科学家和学者就孜孜不倦地撰写着有关习惯的书。

而这本书不一样。它汲取了集体智慧——从进化生物学到神经科学、斯多葛派哲学,甚至还有 Instagram(简称 ins 或 IG,照片墙之意)——通过好奇心去看待习惯,而非透过匮乏感去看。

你有没有在重复做某件事几百次之后停下来问自己:"我到底为什么要这样做啊?"

这就是一个奇怪的习惯。

奇怪的习惯,指当你的感受、想法或行动已不再有帮助,而你却还在坚持的默认模式。

在某些时刻,你的奇怪习惯是有用的。它们帮助你应对日常生活,尽管方式或许比较混乱。但随着时间的推移,它们略显多余了(更糟的是,它们还具有破坏性)。因为你是人——你像海鞘一样渴望安全、愉悦——所以奇怪的习惯开始统领你的人生。如果毫无检视,它们可能会带你远离让你的生活充满快乐和意义的事。

如果你跟大多数人一样,很有可能你会因为无意识养成的奇怪习惯而责怪自己。但是如果从一个充满爱和接纳的角度来看看这些习惯，会怎样呢？如果你知道，只要你想，你就可以改变，又会怎样呢？

现代世界总让我们觉得自己不够好——我们需要更富有、更苗条、更成功，才能成为有价值的人。为什么不试试从一个充满爱的角度（对自己，也对他人）去拥抱成长的喜悦呢？

与其说奇怪的习惯是"无意识"的，不如将它称为"未被检测"的，而这种检测，是你有能力做到的。

当你对习惯产生好奇心时，你的默认出发点就变成"我想要改变，我还可以做更多"，而不再是"我不得不改变，因为我还不够好"。从积极向上的角度开始改变，这才是持久性改变的开端。

我希望我可以跟你说，我写这本书是因为我已经精通所有习惯。如果这是真的，我早就顶着六块腹肌在超级游艇上航行了，托尼·罗宾斯（Tony Robbins）[1]也会来向我请教。这本书并不关注完美。我可不是个完美的老师，我也会拖延，也跟体重做斗争，也在与冒充者综合征（impostor syndrome）[2]博弈，但是我仍旧认为自己足够好。

我们都想改变自己，改变我们所做的事情。不幸的是，改

---

[1] 也就是我们所熟知的安东尼·罗宾，世界潜能激励大师，"全球五大演说家"之一。

[2] 又称自我能力否定倾向，指个体按照客观标准被评价为已经获得成功或取得成就，但是其本人认为这是不可能的，他没有能力取得成功，感觉自己是在欺骗他人，并且害怕被他人发现此欺骗行为的一种现象。

变的默认出发点通常都是"我还不够……"。大多数人试图从匮乏感中改变自身习惯。而这本书将会帮助你对自己所做的事情保持好奇心，让习惯为你服务，而不是持续跟失败的意志力做斗争。我的第一本书《压力特氟龙》(*Stress Teflon*)是关于压力的积极方面的，而这本书则专注于如何消除改变中的压力。我们要知道，改变是因为"我想要改变"，不是因为"我不得不改变"。

你会在本书中学会如何改变思维习惯——也就是你的信念、你告诉自己的故事——这样你就可以学会处理糟心的事情，过上真实的生活。你会懂得主动做决定，而不是依赖默认模式，让它替你做决定。你会找到做事的乐趣，更有目的性，也出于正确的原因（属于你的原因）去做事情，并有能力意识到自己是否处于自动巡航模式。你会了解如何慎重选择与你想成为的人相一致的习惯。你会弄清是情绪在驱动着行为，你会拥有力量——在情绪反应和有意识行为之间拉开距离，帮助自己做出更好的选择。

用美国诗人、散文家沃尔特·惠特曼（Walt Whitman），以及《泰德·拉索》(*Ted Lasso*，又名《足球教练》，美国体育类轻喜剧）的话来说就是：保持好奇，放下评判。

## 以不让自己厌恶的方式找到你的"为什么"

励志大师告诉我们，我们得找到"为什么"。有成千上万教导你"有目的地活着"的传道者，只需要你轻松支付三笔49.95美元就可以帮你挖掘到人生的答案。这一类励志演讲让很多人（也包括我）不由得心生厌恶。

然而，找到"为什么"真的很重要。如果没有一个更大更好的原因驱使着行动，你无法拥有持续的动力和持久的承诺。问题在于，很多励志鸡汤都是那么高高在上，指责着受害者，试图利用内疚和匮乏来推动其改变。如果你告诉我"你必须去做什么"，我的直接反应是对你说"走开"。心理学把这种反应的极端版本称为"对立违抗性障碍"（object defiance disorder, 缩写为ODD）①。但是我认为，即便最好说话的人，其内心也有反抗意识。持久的改变发生在当我们"想"去做一件与我们的价值观及目标相一致的事情时。

在这本书中，我们将会运用好奇心去找到属于我们自己的价值观，揭露"为什么"我们会做这些事情。我的目标是尽可能不夸夸其谈或墨守成规。

每个人对书呆子式的科学的欣赏包容程度不一样。关于"习惯"的科学性研讨，也有成千上万本书深入剖析过。我会选择其中一些工具帮助你对改变产生好奇心，但绝不会让你觉得

---

① 根据上下文，作者引用的ODD更普遍的拼写为"oppositional defiant disorder"，即违抗性障碍。违抗性障碍又称对立违抗性障碍，是一类常在学龄前期出现的，以持久的违抗、敌意、对立、挑衅和破坏行为为基本特征的儿童行为障碍。在DSM-4中与品行障碍（CD）、注意缺陷多动障碍（ADHD，俗称多动症）共同组成破坏性行为障碍；在DSM-5中和品行障碍归入"破坏性、冲动控制和品行障碍"。

自己好像报名了神经科学大师班。

想要很享受地搞定所有糟心事，最好的方法就是对其驱动力产生好奇心。忠实于你想做的事情，这比去做那些别人认为重要而你不得不去做的事情，要容易得多。

## 你本就是钻石

我的朋友迈克尔·德桑迪（Michael DeSanti）[1]运营了一个男性教练团体——寻找你的"部落"。他曾说："你，是蒙尘的明珠，是被污浊掩盖的钻石。"

市场经济告诉我们，钻石很珍贵，我们需要去寻找更多。迈克尔的观点是："为什么我们不擦去掩盖钻石的污浊呢？"

对习惯保持好奇与审慎思考，意味着抛弃所有与你的"最佳自我"不一致的部分。做减法通常比做加法更容易，也更有效；好奇心可以帮助你同时做到两者，不论你的数学技巧如何。我们要找到的是内在的和谐。正如圣雄甘地（Mahatma Gandhi）所言："幸福，就是你的所思、所言、所行和谐一致之时。"

当你擦掉污浊的时候，那一直存在的、更好版本的你就会崭露头角。你可以将能量导向被我称为"本体目标"（identity goal）的特征之上。本体目标是与你的"为什么"相一致的、你希望自己拥有的特征，是固有的、有意的、无限的。如果你找

---

[1] 澳大利亚转化教练、作家，致力于激励男性过上有目的和有成就的生活。

到它们，它们就会像北极星一样引领你慎重地思考你所有的决定和默认模式。

为了擦除污浊，你得学会适应不适。我将适应不适的过程视作软件升级的过程，目的在于克服那些过时的（海鞘式的）硬件。人类硬件从进化角度而言是过时的、陈旧的，甚至有时还伴随着毫无帮助性的奖励系统。在我们到处追逐长毛象的时候，这个混乱的系统不失为一个好系统，但是对于现今世界而言，它就没那么吃香了。它会导致上瘾等行为，让你越来越无法成为你想成为的人。

如果你想要解决奇怪的习惯，适应不适就是必需的。

## 我们都在寻找答案，而本书更关注的是提问题

你想知道为什么你的财务状况很糟糕，为什么你无法平衡工作和生活（剧透警告：通常都是因为逃跑模式）；你想知道为什么你没有动力，甚至面对你真正想要的东西时也毫无斗志。你想找到改善健康、降低体脂、增加体能的答案。也许，你想知道为什么你的关系总是危机四伏，你想解锁优异表现和幸福快乐的秘密。这些都没有一成不变的标准答案。每个人都不一样，同样，这些问题的答案也有可能此之蜜糖，彼之砒霜。

你知道真正适用于所有人的是什么吗？是好奇心。

本书将帮助你审视你所做的事情，开始好奇你究竟从这些事情中得到了什么。与此同时，我们还会一起了解，你如何才

能以不同的甚至更好的方式去做事。

我们将会审视有关健康、财富、爱、生活、事业以及快乐的所有奇怪习惯。我会分享一些故事，穿插零星的科学知识，附带一点拙劣的比喻，也抛砖引玉地讲一些我个人的经历。

这本书并不讲如何做事。我讲的是如何保持好奇，如何时刻拥有选择，如何从接纳的角度有意识地改变习惯，而不是在一个充满匮乏感的沼泽中挣扎着改变。

本书讲的是如何拥有更多的好奇心、更少的评判欲；如何拥有更多的勇气、更少的恐惧；如何做到更多地展现脆弱，更少地期待完美；如何更多地接纳，更少地匮乏。

你好奇吗？让我们开始吧。

# CURIOUS

## 第 1 部分
## 对习惯充满好奇

\* \* \* \*

在深入探索最常见的、问题性最强的奇怪习惯之前,我们先了解一下为什么奇怪的习惯如此顽固、持久。

我们会看到,人类的大脑为什么没有能力做出好的决定;成瘾如何形成,又为何这么难打破;为什么改变难如上青天,即便我们明知道这些习惯对我们没有好处。

我们会学习如何将触发点转化为通往好奇的信号,如何将默认习惯循环改变为能够让生活变得更美好的有意识习惯循环。

好奇吗? 开始吧。

# HABITS

# 第 1 章
## 我们是习惯的集合体

*

我们不过是无数习惯的集合体。

——威廉·詹姆斯

（William James）

一名忧心忡忡的父亲非常担心儿子的坏习惯。他向一位年迈的智者寻求建议。智者见到这个男孩后,便邀他外出散步。他们走进树林,智者指着一棵小草,让男孩拔出来。男孩轻松做到了,他们继续向前走。

智者要求男孩拔出一株略大的植物,男孩费了点劲儿拔了出来。逐渐深入树林后,智者又让男孩去拔一小丛灌木,男孩勉强挣扎着拔了出来。

最终,智者把男孩带到一棵大树旁,要求男孩把它拔出来。男孩几次三番尝试后,终究还是失败了。

智者看着男孩,笑着说:"习惯也是同样的道理,不论好习惯还是坏习惯。"

著名实验心理学家威廉·詹姆斯说:"我们不过是无数习惯的集合体。"我们都有习惯——有些有益,有些无益——如果威廉·詹姆斯是对的(依我看他绝对不可能错),我们的习惯就会成为我们的重要组成部分。习惯是未经过多思考就会去做某事的行为,是我们的默认模式。研究表明,我们行为的

40%~70%都是习惯性的。

　　有一句老话通常被误认为是亚里士多德的名言——"重复的行为塑造了我们"。也就是说，习惯成了我们的身份。如果你每天运动，你就会成为一个健康的人。如果你有理财的好习惯，你就会成为一个富有的人。如果习惯性地欣赏生活中美好的事物，你就会成为一个心怀感恩的人。如果你只能看到生命的消极、阴暗面，习惯性地悲观厌世，那你就会成为一个整日痛苦的可怜虫。重复性的感受、思维和行为促成了习惯，这些习惯塑造了我们。

　　任何一种习惯都不是永久的。如果我们保持好奇，有意改变，我们就可以改变。如果我们想要改变看待习惯的视角，我们也能做到。

　　本章开头的寓言故事为我们提供了新的视角。我们应该高兴那个有坏习惯的男孩拔不动大树。如果我们真的想把大树拔起，好奇心才是一把电锯，我们可以一根根地砍掉树枝，把它们建成一座小木屋。

　　对习惯及习惯的运作方式保持好奇可以重塑健康、幸福、事业，并帮助我们成为想成为的人。


## 研究习惯的实验："流口水的狗"和"跳舞的鸽子"

　　几个世纪以来，人们一直都对习惯充满好奇。20世纪初，科学家发现，我们的行为背后有意识的想法很少。俄罗斯研究

"流口水的狗"的专家伊凡·巴甫洛夫（Ivan Pavlov）发现，如果每次在喂狗前都摇铃，那么即使没有准备食物，也可以通过摇铃让狗流口水。

想想看，你走进一家面包店，店里充满了刚从烤箱里取出来的冒着热气的巧克力曲奇的香味——这样的场景会让你意识到，自己跟巴甫洛夫的"流口水的狗"其实没有什么不同。我们的大脑是一个预测机器：我们喜欢模式，喜欢搜寻各种迹象来为接下来发生的事情做准备。

在巴甫洛夫训练狗对着铃声流口水的同时期，哥伦比亚大学教授爱德华·桑代克（Edward Lee Thorndike）[①]，开始研究我们如何学习，如何形成习惯，如何改变习惯。他是19世纪晚期最早描述习惯循环的人之一。由触发（trigger）、行为（behaviour）、奖励（reward）所构成的习惯循环如图 1-1 所示。

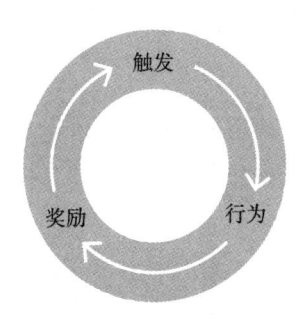

图 1-1 习惯循环

---

[①] 美国心理学家，心理学行为主义的代表人物之一，也被称为教育心理学奠基人。他从研究动物的实验中，领会到动物的学习过程，从而提出刺激（S）–反应（R）公式。

桑代克描述了"效果律"（law of effect），该定律指出，任何产生愉悦结果的行为都可能重复，任何产生不愉快后果的行为都可能终止。

在 20 世纪 40 年代及 50 年代，弗雷德里克·斯金纳（B. F. Skinner）和行为学家们开始崭露头角。这些脑科专家在动物身上做了大量的实验——为了弄清它们为什么会去做它们所做的事情。结果显示，不仅仅是海鞘，小鼠、鸽子、狗也会靠近愉悦，远离痛苦。

20 世纪被引用最多、重复次数最高、最著名的实验之一就是斯金纳箱，这是一个由斯金纳发明的装置，用以研究动物在受控环境下的行为。设置这些箱子的目的是创建一个环境，在其中对动物不同的行为给予奖励或惩罚。

斯金纳及其他行为学家发现，他们可以通过向动物提供持续的奖励（如美味的食物）来让它们展示一种行为（如敲杠杆）。他们注意到，鸽子很快就学会了通过啄击箱子里的杠杆得到一些粮食吃。鸽子甚至很快就在箱子里发展出一套习惯性反应。进入箱子，啄击杠杆，大快朵颐。真棒啊！只要找到正确的奖励，行为学家甚至可以让鸽子们跳舞。

在另一个让人感觉行为不太友善的箱子里，地板被通上了电，小鼠必须按下某个按钮才能停止被电击。这次实验的操作原理与上一次是一样的。研究显示，改变行为的另一个良好动力就是通过展示某种特定的行为从而让发生在自己身上的坏事停下来。如果每次按下某个按钮斯金纳箱就会通电，不难想象，小鼠们肯定不会再按按钮。毕竟触电可不好受！

斯金纳将此情况称为"操作性条件反射"（operant conditioning）。成瘾研究专家、正念取向的行为改变大师贾德森·布鲁尔（Judson Brewer）博士将它称为"基于奖励的学习"（reward-based learning）。如果某件事物很好，记住你是怎么得到的，下一次再看到这样的选项，选择它。这可以追溯到我们之前讨论过的激励动机：避免痛苦、寻求快乐、节省能量。这就是海鞘模式的基本操作方式。

正如巴甫洛夫所发现的那样，大脑是一个预测机器——即便是像海鞘或者鸽子那样非常小的大脑也一样。这些动物不仅知道回避痛苦、寻求快乐，甚至能够预测自己是否会喜欢某样东西。斯金纳指出，这些动物可以预测什么时候会有好事发生，并确保自己出现在可以占取优势的位置。这听起来有点像秃鹫会围绕着脱水又饥饿的沙漠探险家盘旋：秃鹫可以看出沙漠探险家的生命岌岌可危，并预测到马上就可以大快朵颐。

接下来，我们发现，一旦一个习惯建立，即便拿走奖励，人们仍旧会坚持。巴甫洛夫注意到，即便在完全没有机会吃东西的时候，狗听到铃声也会流口水。科学家称这一类型的习惯有着"奖励恒定性"（reward invariant）。这意味着不论你是否得到奖励，你都会坚持习惯性行为。

想一想吸烟——这可以被称为奇怪习惯中最奇怪的习惯。如果你抽烟，你可能是从十几岁开始的，这给了你叛逆和长大成人的感觉，也能让你和其他又叛逆又成熟的"酷"孩子建立连接。它让你觉得你是团体的一员，这比不停咳嗽以及浑身烟臭味的负面后果更具吸引力。尼古丁给你带来了些许美好感受，最终，你对尼古丁成瘾，一旦得不到就开始不舒服。

几年以后，"酷"孩子都消失在人海中，吸烟不再是让你连接团体的事情——事实上它起了反作用，因为你需要走到外面去，含着带有过滤嘴的"小棒"吞云吐雾。最初的奖励——连接感——已经不复存在，但是这个习惯持续了下来，因为大脑的通路已铺设完备，即便没有了奖励，你仍旧一往无前。于是，这个习惯成为奖励恒定性习惯。

吸烟是个有趣的问题，因为除了强迫性行为的层面，它还附加了一层化学物质成瘾。剥夺大脑已上瘾的物质会让人感到不舒服，抽支烟便能周身舒畅。下次当你感受到尼古丁戒断反应的不适时，你知道怎样做能让自己好起来，你也就顺势再度燃起消耗生命之火——点燃一支香烟。

实际上，奖励恒定性对不涉及化学物质摄入的习惯同样起作用。比如有些人沉迷担忧——一些初为父母的人会把对孩子的担心视作良好的、有爱心的父母的标志；30年后，担心已进入中年的孩子已经没有任何奖励，但是他们还是会担心。这就是奖励恒定性。

## 是什么驱动我们形成习惯

自动巡航模式本是好事。多亏自动巡航技术的进步，航空旅行的安全性才能呈指数增长，该技术通过规避人为失误拯救了很多生命。然而，如果你朝向错误方向，却还处在自动巡航模式中的话，问题就会出现。

对习惯抱有好奇心就像重新调整你的自动巡航仪，这样你所做的事情才能和你想达到的目的相匹配。

如果你读过我的第一本书《压力特氟龙》（我最初想用的书名其实不是"Stress Teflon"，而是"The Caveman Advantage"，后者直译为"穴居人的优势"），你就会知道我非常尊重进化生物学。我们的很多行为都来自原始穴居人。我当时相信，现在仍旧相信的是，如果你能理解身体为什么会进化出某种行为，你就能利用这些知识做出改变，以便更好地驾驭今天的世界。

被老虎追赶与Facebook商业账户被冻结似乎风马牛不相及，前者的情况是你老式的生物模拟系统并没有收到邮件，它没有电脑，大概率也不识字，但是对你的大脑和身体而言，你感受到的威胁与后者是相似的。

如果你想对习惯抱有好奇心，你需要冒险回到史前时代，去了解那时让人类得以幸存的硬件——这些系统时至今日仍在你的体内。我们很多的奇怪习惯都是那时保命行为的残留，但它们现在对我们已不再有帮助。身体的进化需要漫长的时间，时代却瞬息万变，20年前跟当前都不一样。我们的生理和硬件都追不上当前环境的巨变。

人类生存的大部分时间里，都活在即时满足的环境中。想想看，赛伦盖蒂草原（the plains of the Serengeti）的狩猎者们，他们的行为只有三个激励动机：

- 避免痛苦。
- 寻求快乐。
- 节省能量。

这三个激励动机帮助我们形成了默认习惯。这就是当我们处于海鞘模式中，优先考虑现在所发生的事情时，我们"现在"要做的事情。即时满足，是我们的默认模式，它只关心当前的安全和舒适。

当你活在一个有剑齿虎、狮子和大块头长毛象的环境里的时候，活着可没有那么容易。那时其实并没有太多的长期计划需要做，首要的任务是活着。我们没有英年早逝，正是因为那些善于保命的穴居人把基因传给了我们。

## 避免痛苦

作为性格的一个特征，没有人想要消极这样的特征，也没有人想和有这种特征的人在一起。问题在于，从基因角度而言，我们都有负面消极的倾向：海鞘模式中占主导地位的、压倒一切的驱动力就是避免坏事（痛苦）发生。

我们天生就更注重负面，而不会留意正向。某个穴居人天生乐天派，超级积极阳光，当他走出洞穴沉浸在彩虹的流光溢彩之中时，可能下一刻就成了老虎果腹的珍馐美味。而那个成日里担惊受怕、时刻提防着老虎的家伙会幸存下来，把他的基因传给我们。因此，焦虑和负面倾向时刻汲取着我们的注意力。

避免痛苦是我们生理上的默认首选。而生理性能也会对我们的想法、感受以及行为做出第一回应。避免痛苦是一种条件反射。

当你的手碰到滚烫的炉子时，你并不会斟酌是否要把手拿走，你会快速躲开，还要加一句"天哪，太热了。以后再也别碰了"。大脑中，恐惧中心（你的杏仁核）就位于记忆中心（你的海马体）的隔壁。这种偶然的安排让你不但非常容易记住把你吓坏的事情，也避免再次去做。

假设，你在工作当中尝试了一个新系统，却因为搞砸了第三季度的数据被老板破口大骂。工作时被老板批评会让你内心的海鞘想搬到别的地方（可惜大脑已经被你消化掉，你寸步难行）。这时候你的第一冲动可能是辞职、大吼、回避老板，发誓再也不要尝试新事物，再也不要体会这种感觉。这是你的默认反应（避免痛苦）。

如果某些事情让你备感痛苦，你可能会永远铭记，并像素食主义者回避汉堡一样避之不及。

我们都有压力激素——皮质醇和肾上腺素——它们驱动着我们避免痛苦。这些激素主导着我们的移动方向和优先排序。战斗或逃跑反应是为了保护我们的安全，它们提供了战斗或逃跑的能量，并将安全置于首位。

皮质醇是调整优先顺序的激素，它会降低不需要我们战斗或逃跑的事情的重要性，同时会针对需要战斗或逃跑的事情适时调整整个系统。比如，虎口逃生的时候你不需要消化系统、免疫系统、生殖系统,所以皮质醇会抑制它们的运行。

你有没有那种常年压力特别大的朋友?他是不是患有肠易激综合征,体弱多病还没性生活?他整个人泡在皮质醇里,除非他能找到适当的方式调整压力程度,不然注定过着吃乏味食物、没有朋友相伴、经常找医生的生活。

处在海鞘模式之时我们恨透了痛苦。可是,大部分好的事情都在不适、挣扎和困难的另一端。如果你总是回避挑战,允许内心海鞘的第一本能来决定你的感受、想法和行动,那么这就是一个奇怪的习惯。

## 寻求快乐

正如桑代克和斯金纳发现的那样,我们会重复带来良好感受的行为。在海鞘模式里,寻求快乐意味着寻找在当下感受良好的事物。

在大脑的奖励系统中,多巴胺是不负众望的大明星。它是人类动机中寻求快乐部分的关键。作为"驱动力"激素,多巴胺负责激励我们向令人愉悦的事物前进。

一名饥饿的穴居人看到远处有一棵苹果树,这时她的多巴胺开始分泌了。她的大脑一边盘算着这些苹果究竟有多美味,一边向她的奖励系统注入更多的多巴胺,以稳定她的好奇心。当她终于拿到苹果,咬下第一口的时候,她的奖励系统大喊:"耶!下次饿了的时候,记住这个地方,来这里吃苹果!"

多巴胺对于学习及记忆而言至关重要,也在一切与性、毒品和摇滚乐相关的事物中发挥着重要作用。它是使人成瘾的化学物质，但也是专注、集中注意力和做出承诺所需的化学物质。

如果我们正确地使用多巴胺（假设可以的话），它可以让我们保持在正确的道路上，并在我们达成目标之时为我们带来快乐。然而，如果我们处于海鞘模式，它就会导致我们沉迷于当下为我们带来愉悦感的事物。

**节省能量**

我们现在已经知道，尽管大脑仅占据我们体重的2%，却要消耗我们20%的能量。进化就像一个修补匠，如果我们想要保留一个又大又耗能的大脑，它就必须有好处，我们需要尽量保持它的效能。而习惯就像是大脑的省电模式。从我们"爬出"丛林生活开始，大脑就开始使用习惯使事情自动化运行，以尽可能减少大脑的能量消耗。

还记得第一次开车的场景吗？你是那么紧张。钥匙插在这里，打开指示灯，脚踩油门，双手分别放在10点钟和2点钟方向，检查视线盲区……有无数需要思考的事情，简直让人疲惫不堪。然而一旦你学会了，驾驶就是放松又不需消耗过多能量的事情。因为习惯一旦养成，你就不再需要思考了：你进入了自动巡航模式。

有一次，我忙碌了一整天后回家，下意识地把车开回了我的老房子。几星期以前我刚刚搬进新家，但是我超负荷的大脑下意识地走向了它记得最清楚的路线。每当我开妻子的车时也是一样，每次遇到转弯，雨刮器都会被我打开，因为在她的车上，雨刮器和转向灯的开关位置跟我的车正好相反。

习惯就是为了节省能量的。如果我们不再需要思考基础行为，比如走路或者食物的选择，我们就可以投入更多的能量在发明、开发上。习惯，给了穴居人发明长矛和轮子的空间。节省下来的能量，为聪明的人发明手机、无人机和无人驾驶汽车腾出了精神空间。

应对压力需要很多大脑能量，压力巨大的一天会导致我们的大脑亮起能源指示灯。我们承受的压力越大，就会越依赖陈旧的习惯。

想想看，在压力特别大的时候你的意志力水平如何。假设，你决定开始减少糖的摄入量，你决心定一个长期计划建立健康饮食习惯，如果这时候加上一个暴躁的老板、一个不切实际的提交报告的截止日期、一个生病的孩子，还有一个今天就要跟你促膝长谈婚姻状况的伴侣，那么你对橱柜里的瑞士三角巧克力就会无法抗拒。

避免诱惑也需要能量；全盘放弃，跳入海鞘模式在当下纵情享受是更容易的事情。如果吃三角巧克力是让你的感受快速好起来的习惯，你对它的抵抗力就会降低，你想立即就把代表快乐的三角巧克力塞进嘴里。现在快乐就变成了头等大事，远比预防糖尿病和穿上合适尺码的裤子重要。

我将在接下来的章节更详细地讨论压力。

## 旧大脑与新大脑

人类大脑已经分层分区地发展了漫长的时间。有些大脑区域是所有动物共享的，有些大脑区域则是独属于人类的。为了本书的阅读体验，也为了放纵我的奇怪习惯，快速地进入有趣的部分，让我们简化理论，将不同的脑区称为旧大脑、新大脑。

旧大脑，包含脑干、边缘系统、杏仁核和海马体，是你内心的海鞘领衔主演的主场。它让你靠近好的，远离坏的。它是快速的、反射性的，它只有"是"或"否"的选项。它非黑即白，完全不关心只有细微差别的灰色地带。

每当事情发生时，你的旧大脑会第一时间决定这是好的还是坏的。它会让你在完全没有意识到巴士是否会撞到你之前就跳开。它会直接告诉你那些可疑的推销员在胡说八道。它的职责就是确保你的安全，它时刻在监视着可能伤害你的事物。它并不具备语言中心，也没有对于未来的计划，却是情绪（尤其是恐惧）以及记忆形成的地方。

新大脑，即前额叶皮质，是预测和规划的机器。它更为缓慢，会权衡选择，寻找它所能识别的微妙之处和模式。新大脑的发育时间比较长，直到 25 岁左右才能完全发育成熟，因为它需要考量你所在的环境，并且尽它所能地学习这个世界运行的规则。你的新大脑是由你的历史、过去的经验以及你如何看待一切而形成的。

斯坦福大学灵长类动物学家罗伯特·萨波尔斯基（Robert Sapolsky）认为，你的前额叶皮质的工作是，当更困难的事情是正确的事情时，让你的大脑倾向于从事更困难的事情。这也解释了为什么年轻人，特别是那些激素分泌旺盛的青少年，很容易成为冲动的奴隶。当事情变得棘手时，他们很难集中注意力，因为他们的前额叶皮质还没有发育成熟，他们内心的海鞘模式在毫无他方援助的情况下正在统领全局。

新大脑就是援助你谨慎思考行为的脑区。在最开始使用的时候它需要你付出努力，也可能会让你感觉不太舒服。但是如果想要改变一个习惯，你需要新大脑来保持好奇心。

## 情绪、记忆和行动

还记得 2001 年 9 月 11 日你在哪里吗？如果你现在 30 岁以上，戴安娜王妃去世那天你记得吗？有些事情会烙印在我们的集体记忆中。

我仍旧记得 1996 年的美国名人赛①——格雷格·诺曼（Greg Norman）②惨败，以及 1990 年的澳大利亚澳式足球联盟（AFL）总决赛——这仍是有史以来最糟糕的一天，历历在目的还有我女儿出生的那一天——排名不分先后，亲爱的克洛伊（Chloe）。我也不会忘记 1979 年的电影《天涯赤子心》(*The Champ*)。当瑞奇·施罗德（Ricky Schroder）的父亲在拳击赛后去世时，9 岁

---

① 世界男子职业高尔夫四大赛之一的大师赛。
② 素有"大白鲨"之称的澳大利亚籍运动员格雷格·诺曼是史上最出色的高尔夫球手之一。

的我泣不成声。这些事件都因为引发了强烈的情绪而不可磨灭地被铭刻在我的大脑中。

我们具备一整套大脑网络来帮助记忆的形成。海马体是形成记忆的脑区,它所处的位置就在杏仁核的隔壁,而杏仁核则是恐惧(或情绪)中心。

与"9·11"事件相关的恐惧使我的杏仁核过度运转,促使海马体也活跃了起来,那一天所有的事情都历历可数地被记录了下来。那天也是我妈妈的60岁大寿,当时我正用电脑为她剪辑视频,我姐姐打电话来让我看新闻。在电视中看到飞机撞击双子塔是非常可怕的。接下来的几个星期,很多频道都在重播这个新闻,让人记忆更加深刻。我可能记不住妈妈其他的生日了,但是我永远不会忘记她60岁大寿的那一天。作为一个现年75岁的老者,我的妈妈曾在孙女"丛林"主题的生日派对上扮成大猩猩。她就是这样一个妈妈。这也是一个我会永远记在心里的派对。

在形成记忆方面,情绪的作用是强大的。它帮助我们记住所有背景信息:我们在哪儿,和谁在一起。而决定记忆的首要因素是该事件与正常事件的差异性,以及我们对它的感受。

最终,我们创造了有关事件的故事——这些故事成了记忆。其实,我们并不记得发生了什么事实,我们记住的是我们不断重播的有关事件的那个故事。正如在接下来的章节你将看到的,有时候这些故事并不可信(但是它们可以被改变)。

近一百年前,戴尔·卡耐基(Dale Carnegie)注意到一些时至今日仍旧正确的事情:"当与人打交道的时候,记住你面对的不是一个逻辑生物，而是一个情绪生物。"20世纪，很多事情已经发生变化，但是藏在众多奇怪习惯背后的仍旧是情绪。情绪激发旧大脑开展行动。

想象一下，如果你的身体是一辆汽车，那么旧大脑就是驾驶员，它非常努力地躲避其他车辆、坑洞和柔软的边界（你的情绪）。它飞速运转，对每一个向它袭来的情绪做出反应。而你的新大脑在副驾驶的位置手握地图（还记得地图是什么吗？）。旧大脑没有GPS导航——它很老派，喜欢纵观全局的视角。为了让旧大脑朝向正确的方向，新大脑必须给出处于海鞘模式下的旧大脑能理解的内容，指示旧大脑开往正确的方向。新大脑还得负责解释清楚旧大脑的快速决定，通常新大脑并不承认情绪是驱动力——因为面对情绪试图传达的残酷真相可能会创造更大的痛苦。

你有没有对自己说过："我究竟为什么要干这种事？"想必我们都曾有过。大多数时候，我们都是根据情绪以及旧大脑出于习惯的条件反射而做决定的。然后新大脑会加入，编造一个故事来将我们所做的行为合理化。

当压力过大的路怒症患者的旧大脑开始运作时，在他反应过来之前他可能就开始竖中指，挑衅不小心插队的老人了。他的旧大脑会绕过所有对情绪信号该有的好奇心，直接臆断老人不该开车。

奇怪的习惯包含感受、想法以及行为，所以理解表层之下的情绪是非常重要的，我们觉察到自己的想法才有机会解释或改变自身行为。正如哈佛大学心理学家苏珊·戴维（Susan

David）博士所说："通过将情绪看成一个路标，对我们的感受以及原因保持好奇，我们就可以采取更为有意识的行为，而不是任由旧大脑说了算，或者在事后试图用逻辑将行动合理化。"

## 成瘾之后，习惯开始背弃你

人人都爱史蒂文。这个亲切的男人笑容可掬、工作卖力，随时愿意跟任何人聊上几句。他40多岁，就成为一家全国连锁药店的CEO。他拥有豪车和坐落于豪华郊区的房子，他的孩子就读于昂贵的私立学校。

拿到药剂学学位之后，史蒂文就进了一家大型连锁药店工作。对于这份工作，他不仅擅长，还发自内心地热爱。每天，他都在帮助他人中度过，他与顾客、员工都建立了奇妙的连接。他是那种热心肠到愿意自费给不能来店里拿药的病人上门送药的人。

几年的时间里，史蒂文不但娶了高中时的恋人凯特，还管理着这家药店在他们本地的分公司。随着生意越来越好，他们买下了第一套房子，也开始承担随之而来的贷款。随着时间的推移，他们有了自己的孩子，史蒂文也得到了州经理的职位。他毫不犹豫抓住了这个机遇。抚养年幼的孩子，还着高昂的贷款，他无法拒绝更高的薪资还有公司配给的专用车辆。对于这次升职，他欣然地接纳了。

繁重的工作量起初并没有给他造成什么困扰，但是随着孩子们进入学龄前的年纪,问题逐步凸显出来。史蒂文很少能在孩子睡觉前到家,甚至只有周末才能真正看到孩子们。凯特越发觉得自己像个单亲妈妈。而史蒂文每次回家都手握啤酒瓶进入"放松"状态,球赛和电子游戏充斥着他在家的时光。凯特和史蒂文逐渐疏远,他们的婚姻也出现了裂痕。

快进 10 年,史蒂文已是 CEO,他拥有了属于自己的豪华办公室,也赚得盆满钵满。公司进展顺利,董事会也对他大加赞赏。

只有一个问题,史蒂文是那么痛苦。他的第二段婚姻也岌岌可危。工作仍旧占据了他大部分的时间,他甚至还养成了回家之前先去酒吧喝杯小酒疏解压力的习惯。周末,薯片和可乐就是他畅游游戏世界时的标配,他甚至对妻子正想尽一切办法与他重燃爱火毫无觉察。孩子们已是青少年,跟妈妈住在一起,甚至不跟他说话了。他已经超重 30 千克,被诊断患有 2 型糖尿病。工作中史蒂文还是那个招人喜欢的人,但是他的习惯和对生活的优先排序已悄然改变。

问题究竟出在哪里?

## 习惯也会暗中为害

说到成瘾,我的大脑联想到的是酒精、烟草和赌博。而研究了习惯、行为设计和人类奖励系统之后,我开始了解到习惯的阴暗面,也了解到当习惯成为瘾症之后会发生什么。

每个人都有自己的小恶习——没人看见的时候偷吃一块巧克

力,把小说《五十度灰》(*Fifty Shades of Grey*)羞耻地塞在衣橱的袜子下面,偶尔花10美元买张马票让周六的下午更加刺激……

小恶习不等于瘾症,周五小酌一杯和每隔一天就醉倒有很大的差别。然而,一旦不注意,恶习很容易滑入成瘾的深渊。

有两个有关成瘾的定义,我认为可以很好地结合起来。

第一个定义来自神经科学家安德鲁·休伯曼(Andrew Huberman),他将成瘾定义为"逐渐缩小给你带来愉悦的事物范围的过程"。

第二个定义来自贾德森·布鲁尔博士,他在《欲望的博弈》(*The Craving Mind*)一书中将成瘾定义为"尽管有不良后果但仍旧坚持某事物的行为"。

明显导致成瘾的事物——酒精、烟草、赌博——一旦失去控制,它们就会彻底搅乱你的生活。你根本不必向那些在赌场输掉房租后又抽烟的痛苦(又不幸)醉汉解释什么叫瘾症。

不过,还有一种更微妙的成瘾,在缩小给你带来快乐的事物范围的同时,还会产生不良的后果。比如下述物质或活动:

- 食物。
- 性。
- 工作。
- 咖啡(咖啡因)。
- 购物。
- 手机和科技。
- 电子游戏。

当然，我们并不是说以上列举的物质或活动在任何情况下都具有本质上的劣势。我们需要食物，性也可以妙趣横生，而手机在当今时代已经处在马斯洛需求层次理论的最底层（紧挨着空气），甚至尼古丁都对认知能力、精细运动技能、注意力和记忆有积极影响（那我也不会开始抽烟的）。而当我们开始强迫性地使用它们时，问题就出现了。

其实，强迫性的物质滥用很容易形成。它们一旦开始激发多巴胺奖励系统，就可能发展成奇怪的习惯。这个古老的奖励系统就是我们内心海鞘模式的"发展动力"或"欲望途径"，它的目的就是让我们的注意力聚焦在寻找食物和性爱等上面。多巴胺奖励系统是有成因的。用贾德森·布鲁尔博士的话来讲就是：成瘾就如同一列进化着的货运列车，每一种被滥用的物质都会踏上多巴胺特快。

对史蒂文来说，工作中体验到的多巴胺分泌让他感觉棒极了。他事业成功，这就是他收获的奖励。不幸的是，他缺乏与工作相关的界限，这就意味着他的压力桶也总是满的。他回到家后，疲惫让他四处寻觅更多的多巴胺来清空压力桶。啤酒、薯片和无须动脑筋的电子游戏提供的多巴胺棒棒糖，快速地带给了他即时满足，尽管很短暂。

多巴胺奖励系统路径促成了习惯的开端，不需要多久，习惯就会根深蒂固。在那之后，你的大脑会记住与该习惯相关的一系列复杂事件，甚至不再需要奖励系统路径。这时候，习惯就有了奖励恒定性——无论感觉好坏，你都会去做。可见，成瘾带来的快乐，也是有尽头的。

## 习惯带来不良后果，我们为什么仍甘之如饴

这就引出了这样一个问题：我们为什么要去做？

如果你这样问香烟成瘾者，他们大多数会告诉你，抽烟不是为了感觉更好，而是为了摆脱挥之不去的可怕感受。可以说，上瘾是一种减轻疼痛的办法。

成瘾问题研究专家加博尔·马泰（Gabor Maté）博士解释说，强迫性问题"既不是一种选择，也不是遗传性疾病，而是对痛苦生活经历的一种心理、生理的反应"。他看待成瘾问题的方式是去理解"为什么会痛苦"，而不是"为什么会成瘾"。他认为成瘾是试图解决固着难题的绝望尝试，比如情感的痛苦、过量压力、失去连接、失去控制，对于自我以及在这个世界上所处的位置所感到的深刻不适。

通常（并不总是），痛苦起源于童年创伤，并且需要接受咨询和治疗来解决根源。过去，我对执着于童年创伤的人心怀偏见，我认为他们需要的不过就是鼓起勇气，坚强起来。我认为，把糟糕的选择归咎于童年是一种逃避，不过是为自己的不良行为找借口。

事实证明，我错了！

幸运的是，学习神经科学，开设心理健康急救课程以及与创伤患者的交谈，打开了我的眼界。我了解到，经历过创伤的人，童年时痛苦的神经通路已经存在多年，他们需要付出大量的时间和努力才能建立全新的神经通路。我不得不重新审视我享受过的待遇（感谢爸爸妈妈），我也需要对经历过苦难的人抱

有更多的慈悲和怜悯之心。

对于史蒂文来说，很明显他的成长方式对他的自我感知产生了强烈影响。他从小就认为，要尽可能获得奖励来证明自己的价值。这意味他需要将自己对于人生的优先排序偏向于默认奖励那一边，比如地位和金钱。他所挚爱的药剂师工作为顾客的生活提供了帮助，但是他的默认排序却带他远离了能给他带来快乐的连接感。成为工作狂是令人疲惫的，所以他不得不引入其他并不需要的习惯以制衡，这些习惯又会再度削弱他与家人、朋友的联系，同时扰乱其身体和心灵的健康。

理解自动巡航模式的进化基础，看清情绪、记忆和行动之间的关系，这都会帮助你对自己的习惯产生好奇心。你可以利用这些知识来改变你的感受、想法和行为。下一章，我们一起开始吧，接下来的内容将会涵盖习惯改变的基础知识。

## ❓ 好奇起来吧

- 理解自动巡航模式的进化基础，看清情绪、记忆和行动之间是怎样的关系，这会帮助你对自己的习惯产生好奇心，你可以利用这些知识来改变你的感受、想法和行为。

# 第 2 章
# 将习惯拆分重组

*

无聊的解药是好奇心。好奇心没有解药。

——多萝西·帕克

（Dorothy Parker）

西西弗斯的故事发人深省。在希腊神话中，西西弗斯激怒了众神。他被判永久受困于冥界，在那里接受最为严苛的惩罚——每天将一块巨石滚到山顶，日落之时再眼看着巨石滚落山下。古希腊的众神智慧非凡，然而一旦触怒神，他们也会展现面目可憎的那一面。他们知道这是惨无人道又令人心碎的存在方式，可怜的西西弗斯将在痛苦中了却余生。

　　我们中有多少人在看待习惯的改变时有点像西西弗斯？我们可能每天工作12小时，经历漫长曲折的通勤路线，忍耐着有毒的工作文化，若是让西西弗斯知道了，恐怕他会从推滚巨石中体会到些许安慰。我们在健身房挥汗如雨，可怜巴巴地靠着芹菜条和鹰嘴豆泥果腹，只为减掉3千克的体重，结果却长了4千克。

　　我们是否出于真正的"想要"来看待目标、追逐目标呢？我们想要豪车、别墅是因为喜欢豪车、别墅，还是因为有这些东西可以让他人钦佩呢？我们是否在用得到后就不再有价值的物质垃圾来填补自我价值的空白呢？

改变习惯需要耗费大量精力。当你第一次尝试巩固一个全新习惯时,这不仅会耗费精力,甚至会带来糟糕的结果。海鞘是无法忍受这种过程的。

幸运的是,我们还有比海鞘更大的脑区,通过连接我们的长期目标——我们的目标,不是他人的目标——我们可以建立帮助我们达成目标的习惯。一开始可能很艰难,但一旦深思熟虑后的有意识习惯成为默认习惯,生活就会因此而轻松容易起来。

## 沙丘上的小径——神经通路

我在引言中提到,在普通人的大脑中有大约860亿个神经元,每个神经元又与其他成千上万的神经元相连,形成了数以万亿计的神经通路。这些通路有的短,有的长,有的弱,有的强。正是这些神经通路中的活动,即神经元之间的对话,创造了你所有的感受、思想和行动。

我喜欢将神经通路比作沙丘上的小径。走在沙丘上时,我们最自然的方式就是选择已成形的道路。并不是说走在松软沙丘的其他地方不可行,只是略微困难。

人类有点像电流,或者水流——我们会选择阻力最小的那条路。

习惯就是大脑坚持走成形的老旧路线。我们会以某种方式思考,是因为我们总是以这种方式思考。默认习惯就是人不需要过多思考就自动踏上的老旧路径。一段时间之后，这些默认习惯——我们的感受、想法和行为——会把我们带去我们不再想去的地方。这时候，它们就变成了奇怪的习惯。

好处在于，你可以在沙丘上开辟全新的路径。你只需要有意识地走向不同的方向，重新创造成形的路径——深思熟虑的路径，与你想成为的人，你想拥有的感受、想法和行为相一致的路径。

最初需要付出一些努力，但是建立有意识的习惯是可能的。沙丘最棒的地方就在于，每次你要求自己走向全新的、经过深思熟虑的、更好的路径，它就会成形一点，直到不久的将来，深思熟虑后的有意识路径比默认路径更为坚实，你可能都意识不到自己自动地走上了全新路径。那时候，你就创造了全新的习惯，你真正想要的习惯。

在我位于黄金海岸（Gold Coast）的家和往北一小时车程的布里斯班市（Brisbane）之间，有一条叫作 M1 的主路。M1 公路是有十车道的庞然大物。当开车去布里斯班时，往右会看到一条与 M1 公路平行的、蜿蜒在起伏山丘上的双车道公路。在我小时候，那条双车道公路就是去市里的主路。

建立有意识的习惯和相应的神经通路就像铺设 M1 公路一样——很难，但是值得，因为一旦建设完成，所形成的新习惯就能把你带到你想去的地方。

奇怪的地方在于，过去的习惯就像那条蜿蜒的公路，它还在，就像你忘不掉 20 年前的某首歌曲，或者忘不掉如何骑自行车一样。旧习惯可能不再使用，但是旧习惯的通路还在，一不注意，我们就很容易沿着老路走。保持好奇和深思熟虑的意识，是选择良好路径的关键。

## 好奇心具有魔力

大约 4 岁的时候，我喜欢拽来拽去玩的红色卡车掉了一个轮子。我的叔叔布鲁斯看到我不停地努力想把轮子装回去，觉得这是个该去库房完成的工作。

布鲁斯是个脾气暴躁的家伙，但是他很喜欢向我展示事物背后的工作原理。小红卡车的轮子是白色铝制车轮，必须用 R 形夹才能给它扣回去。布鲁斯在库房找到一个，很耐心地展示给我看怎么把夹子卡进车轴，重新装好车轮。我简直被眼前的场景迷住了。那么简单，又那么巧妙。即便在那样幼小的年纪，好奇的感觉也是那么美妙。

所有的孩子天生具有好奇心，喜欢寻找万事万物的原理，也热爱尝试新东西。巴勃罗·毕加索（Pablo Picasso）就曾说过，"每个孩子都是艺术家。难就难在如何在长大以后仍是一个艺术家"。其实真正的难题在于，我们的好奇心会随着年龄的增长而慢慢消逝。

沃顿商学院的教授亚当·格兰特（Adam Grant）在他的书《重新思考》(Think Again) 中说：忘掉所学很重要。我们脑子里都有一个痛苦的数据库——我们记得在学校演出时忘记台词，我们记得因为我们表现出脆弱而离开的女朋友……作为成年人，我们的数据是完整的，我们已经形成有神经通路支持的习惯循环。海鞘所做的决定构成了我们的身份，而成形的习惯可以杀死好奇心。

对于孩子们来说，超级灵活的大脑时刻能够建立新连接的能力让他们可以轻而易举地学习。而对于成年人来说，我们依靠默认的思维方式来应对生活，就像亚当·格兰特所言，忘记所学往往需要付出所有努力。

让我们复习一下三个激励动机——避免痛苦、寻求快乐、节省能量。犯错可能会激发与主导动机避免痛苦相关的习惯。犯错会让人感到尴尬，会降低我们的自信。没有人希望这样，所以我们都竭力避免出错。

但别忘了，从进化角度而言，避免痛苦是最重要的一个动机——默认模式。如果不能避开老虎，你就无法为进化做贡献。如果犯错还会带来被责备和羞耻感，那我们就会更努力地避免它。

为了保持好奇，我们必须引入"犯错的乐趣"，并将全新的信息视为一种思想升级。我把犯错看成洗冷水澡，当时可能感觉并不好，但是它对自己有好处；如果我学会喜欢它，我就可以更轻松地放弃不想要的习惯，升级到一种有帮助的思维方式中。

当新旧信息相矛盾时，我们往往会固执己见地想要捍卫老旧思维。研究也表明，思维方式持续的时间越久，我们投入的就越多，想要改变这些习惯也就越难。

戴夫·马斯特恩投入了很多精力在他爱生气的奇怪习惯之

上。这给他带来了成功和赞誉，同时也带来了痛苦、瘾症和悲伤。为了在这个世界生存，他不得不重新思考他认为自己知道的一切。

最终，这个愤怒又暴躁的摇滚巨星改变了。戴夫戒了酒，也找到了信仰。他充满了好奇心，好奇过去的习惯究竟能给他带来什么。他继续创作着饱受歌迷喜爱的那种震耳欲聋的摇滚乐，学会了从感恩、接纳和目标感出发。

## 默认习惯循环

第 1 章中，我介绍了桑代克关于习惯循环的概念。我们所做的很多事情都符合习惯循环。闻饼干（触发），吃饼干（行为），一时的糖兴奋（奖励）。哇！太好吃了，再来一次。我们执行某种习惯循环的次数越多，它就会变得越容易，我们也会有越多的自动重复。

多数关于习惯的书籍都会谈论由触发、行为、奖励所构成的习惯循环的多种变化，而我在这里用来引发你好奇心的习惯循环略有不同，如图 2-1 所示。

信号（cue），是你带动习惯的开始；行动（action），是你接下来会做的事情；结果（result），是你从中会得到的。为了改变习惯，你需要对习惯循环中的所有部分都保持好奇，尤其是结果部分。

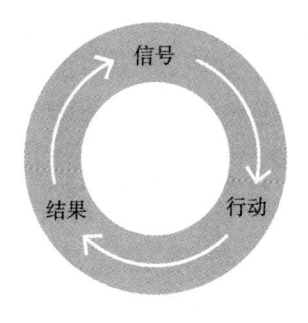

图 2-1 默认习惯循环

惊喜会导致多巴胺激增，这会让你想要重复这种感觉。在我家那条街的尽头有一家新开的越南餐馆。我第一次去的时候点了春卷，惊为天人！春卷里面包的是奶香、辛辣俱佳的泰国红咖喱鸡，和我想象的完全不一样。这种惊喜的味觉体验，让我的大脑收获了大量的多巴胺："记住这个包裹快乐的小圆柱体，以后我还要。"每当我和太太想找家餐馆吃饭，这里都是我的最优选。我总会想吃红咖喱春卷。

形成习惯的关键在于奖励。我们都知道情感会驱动记忆。我们会记住不好的事情并尽力避免。对于美好事物的记忆也会让我们心驰神往："那太棒了，让我们再来一次吧。"（想一想性、巧克力、爱、获胜、冰镇啤酒，还有红咖喱春卷。）

我们的大脑具备一个根据过去经验建立的数据库，可以针对各项事物相互评价。你更喜欢冰激凌还是菜花？我想，大部分人不需要太长时间做选择，只有极度乳糖不耐受的人才会在这两个选项里面选择菜花。我们的大脑擅长预测奖励，而且就算选错了它也会铭记于心。

第 2 章 将习惯拆分重组

# 将"焦虑的触发点"视为"激发好奇心的信号"

一旦扣动扳机,你就无法控制子弹去向何方。我们使用"触发"这个词来描述很多事物,尤其是有关焦虑、争论和攻击性的部分。这个词听起来像不祥之兆,它夺走了控制感、选择,甚至自主权。一旦某些东西"触发"了一个行为,我们就丧失了行动的控制权,最终进入自动巡航模式。

而"信号"这个词,给好奇心预留了空间。

当我们对感受、想法和行为好奇的时候,我们就可以开始做出超越海鞘模式的选择了。大脑中最新、进化最完全的部分是前额叶皮质——它是规划和预测的中心,没有这个部分的话,好奇心是不可能存在的。

好奇心让我们可以看到更大的画面,并帮助我们根据长期目标做选择,而不仅仅是根据海鞘模式的即时满足做选择。如果你可以对自己的感受和想法——也就是信号——好奇的话,你就对自己的行为有了更多控制权。

当我经营"压力重置"(Reset)工作坊时,我会花很长时间谈论触发因素——尤其是有关焦虑方面的。我邀请每个人好奇于他们开始感到压力和焦虑时出现的第一个症状。答案各不相同,有人感到胃里像打了结;有人心跳加速、胸闷;有个超级焦虑的人说,当他发现头上冒汗时,就知道自己又开始焦虑了。

当压力和焦虑出现时,识别身体的第一感受是走向自我觉察很重要的第一步。如果你允许身体感受触发反应,并且没有任何好奇心的干预,你可能最终会陷入被我称为"旧头脑风暴"

的旋涡里。这时，战斗或逃跑机制会自我激发，甚至放大问题。胃里打结触发了心率过快，恐惧中心，也就是你的杏仁核像被点亮的圣诞树彩灯一样亮起，而大脑具有逻辑性且更聪明的部分瞬间下线，一同离开的还有做出谨慎反应的希望。好奇心，哈，多么神奇！

将你的想法从"焦虑的触发点"改变为"激发好奇心的信号"，你就给了自己更多的空间看到选项，并选择更有帮助的习惯循环。这样做，你就能从默认循环出来，进入全新的、经过深思熟虑的有意识循环。

如果在有意识的循环中坚持足够长的时间，就可以建立全新的神经通路，最终有意识循环就会成为新的默认循环。你不再驻足过去的默认循环，慢慢等它杂草丛生，直到不再明显。这时候，你就发展出了被我称为"无意识控制"的能力，你就停止了推着西西弗斯的习惯巨石上山，你就改变了奇怪的习惯，创造了对你更有帮助的全新默认模式。

## 留心结果——想想最近一次习惯给你带来了什么

研究焦虑、成瘾和习惯的专家贾德森·布鲁尔博士帮助人们通过正念、理解基于奖励的学习以及绘制习惯循环图来减轻焦虑、戒烟和改善饮食习惯。

布鲁尔博士的应用程序"戒掉坏习惯"（Craving to Quit），正在帮助人们改变对戒烟的看法。通过激起人们对吸烟的原因以及吸烟的触发点的好奇，布鲁尔博士帮助人们识别出让他们渴望吸烟的原因。换句话说，他让人们绘制出了提示信号图。一位程序用户发现，他吸烟是为了摆脱咖啡的苦涩味道。另一位用户发现，每当她打电话的时候就会抽烟。

说"不要喝咖啡了"或者"打电话的时候拿杯水喝"听起来很容易，但是布鲁尔博士的研究表明，用一个循环替换另一个循环的策略，成功概率是有限的。你需要再加一个步骤。

能够识别提示信号对你来说很重要，但改变的秘诀在于好奇心，即"我能从中得到什么"。布鲁尔博士补充的步骤起到了决定性的作用，这个步骤就是"放弃幻想"。对行动所带来的结果不再抱有幻想，你将更有可能成功地改变习惯循环的回路。

记住，奇怪的习惯指不再有帮助的感受、想法以及行为。摆脱对抽烟的幻想其实容易，比如有一个"戒掉坏习惯"程序的用户将香烟形容为"闻起来像臭奶酪，尝起来像化工原料，恶心"，来放弃对香烟的幻想。但是，想要识别和改变不再需要的想法和感受会更加困难（稍后会有详细介绍）。

某个行为的期望结果和实际得到的结果不一样，心理学家将其称为"奖励预测误差"（reward prediction error）。尽管觉察力和好奇心可以激发改变的欲望，但是如果我们没能识别出某个习惯很糟糕（并且放弃对它的幻想），我们就无法看到好奇心的提示信号，也就无法改变。

上文提到的红咖喱春卷就是一种正向的奖励预测误差——它完全超越了我的预期，这个误差帮助我改变了选择餐厅的习惯。

负面的奖励预测误差也可以帮助我们改变习惯,当然,不可或缺的还有"觉察"和"放弃幻想"。而当一个习惯根深蒂固时,我们可能会很难改变它。

南加州大学的戴维·尼尔(David Neal)和习惯大师温迪·伍德(Wendy Wood)曾做过一个实验,他们在当地一家电影院招募了很多观众,对一系列影片进行评分。参与者被告知他们对电影的影评非常重要,为了感谢他们的参与,他们将获得免费的爆米花。

如同所有科学实验一样,经典的偷梁换柱情节又上演了。一半的参与者得到了新鲜的黄油爆米花,而另一半参与者得到的是已经在塑料袋里闷了7天、明显走味的爆米花。味同嚼蜡的爆米花就像洗碗海绵的碎片一样令人难以下咽,甚至有些参与者用"恶心"来形容。但是,还是有很多人吃掉了爆米花。

研究人员查看了数据,测量了新鲜爆米花和陈旧爆米花被吃掉的数量。他们发现的结果很大程度向我们展示了关于习惯、自动巡航模式以及奖励的相关信息。

喜欢在电影院里吃爆米花的人无论如何都会照吃不误,不论他们得到的是新鲜烤制、黄油香四溢的爆米花,还是不新鲜、无味的爆米花。如果你问他们爆米花怎样,这些人可能会说"很恶心",但是这不耽误他们吃。

那些在电影院里没有吃爆米花习惯的人并不会拒绝美味,但是他们会拒绝不好吃的东西。如果没有建立在电影院里吃爆米花的习惯,人们就会注意到负面的奖励预测误差,且有能力抵抗免费的"美食"。

一旦习惯建立，无论结果如何我们都会去做。根深蒂固的习惯具有奖励恒定性——如果在电影院里吃爆米花就是你的默认模式，你甚至不需要美味、黄油、酥脆等奖励也会吃下去。

研究人员又做了一个后续实验。他们邀请了一群参与者来到实验室评估音乐视频的品质。这种情况下，连最狂热的爆米花迷都放弃了潮湿变质的爆米花，只会选择新鲜的吃下肚。

通过改变环境，研究人员改变了提示信号，进而关闭了参与者的自动巡航模式，削弱了其习惯的强度。没有了自动巡航模式，觉察力就增强了，参与者们注意到了从变质爆米花那里得到的奖励（或者说缺乏奖励）。其实，很多习惯都依赖于环境——时间和空间提供了提示信号，开启了习惯并帮助其延续。

对我来说，我无法抗拒美味的肉馅饼。当我还是个孩子的时候，每次去看足球比赛，爸爸都会给我买一个肉馅饼。包裹着浓郁肉汁、焦香四溢的肉馅饼，简直就是人间美味！与美味相伴的还有我美好的回忆，还有爸爸陪着我打球的时光。双管齐下，肉馅饼就成了一种具有高回报价值的东西。对我来说，肉馅饼满足了所有穴居人的奖励要求——它提供了安全、美味、大量的热量，还有那一丝怀旧。这些都是助它成为一个值得重复的习惯的完美配方。

唯一的问题是，肉馅饼并不爱我。吃完肉馅饼我就会感到严重烧心，还胃痛。吃进去的感觉很好，但是我会为此付出代价，胸口酸痛，裤子越来越紧。来自那些美好回忆的预测奖励是肉馅饼不仅味道好，还能让我不再饥饿，而实际结果却是后悔和胃痛。

要有足够的好奇心去留心结果，清醒地看待预测奖励和实际结果之间的差别，这就是改变的关键。你如果真的想要改变，就必须学会留心观察预测奖励和实际结果之间的差别（见图2-2）。

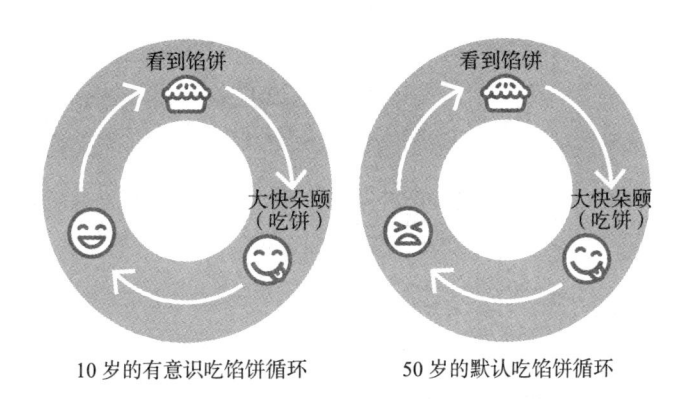

10 岁的有意识吃馅饼循环　　50 岁的默认吃馅饼循环

图 2-2　预测奖励 VS 实际结果

像抽烟或者吃肉馅饼吃到烧心这种习惯是很容易看出结果不如预期的。但是有些奇怪的习惯，尤其是有关焦虑、感受或者思维方式的习惯会更加微妙。我们会在本书后面部分更详细地谈论这部分。

## 为你的"无限循环"找到你的"潮汐习惯"

提到习惯、节食以及运动，大部分人最先想到的就是："如果我可以改善饮食，我就会减掉体重，一切都会好起来。"问题在于，习惯并非在真空中运作，习惯更像一碗意大利面，相互交织、彼此纠缠。

有五大因素会影响我们的健康，它们彼此之间互相影响。

- 食物。
- 心情。
- 活动（运动）。
- 睡眠。
- 压力（其他四个因素的核心交叉点）。

如图 2-3 所示：

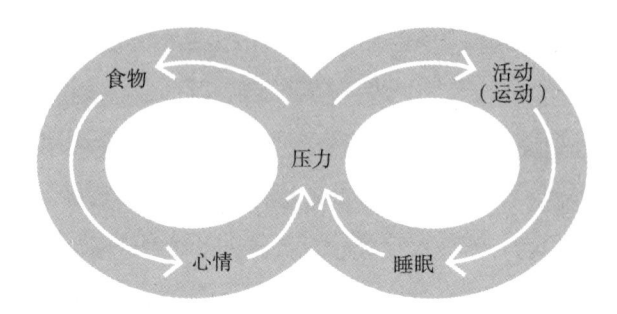

图 2-3　健康习惯的无限循环

如果我们的食物、心情、睡眠或运动，任何一方面出现问题，就有可能快速影响其他因素。

人人都有一个压力桶，装着我们可以应对，同时保持良好运作的有限事物。我最近做了肩部手术（老年人伤），疼痛、难以入睡以及无法运动的综合夹击让我变得暴躁又紧张，我急不可耐地寻找着任何可以让我感觉好起来的东西。

我没办法集中注意力，所以无法阅读。我也没办法活动，所以健身也无从谈起。唯一能让我心情好起来的就是巧克力。但是巧克力的效果也是转瞬即逝，随着内疚感的激增和越来越膨胀的腰围，我的压力桶已经到了摇摇欲坠的境地。

哈利·魏辛格（Harry Weisinger）博士经营着一家名为"我的执行医生"（My Performance Doctor）的医疗机构，他利用健康监测、饮食、补剂、行为改变和运动来帮助运动员（以及像我一样的人）获得健康，以发挥最佳水平。

魏辛格博士认为，不论任何时候，我们的改变重点最多只能有两个。比如，健康和学习，关系和健身，饮食和家庭。他将这一理论比作双磁带播放机：你如果想放一盘新的磁带进去，就得拿一盘磁带出来；而且，你每次只能播放磁带机内两盘磁带中的一盘。

认知神经科学家米克·泽利科（Mick Zeljko）博士，也就是《压力特氟龙》的合著作者，非常赞同魏辛格博士的理论。泽利科博士解释道，注意力就像聚光灯，你需要大量的认知控制（大脑努力）才能让一个新习惯坚持下去。你需要将聚光灯照射到新习惯所涉及的系统上，以实现改变。所以泽利科博士建议，找到并专注于你的"潮汐习惯"（tidal habit）。

古语云：水涨船高。

当我向泽利科博士分享我的健康习惯的无限循环时，他问了我一个简单的问题："其中的哪一项做到了，就会让其他部分也随之变好？"它们彼此相互影响，但是对大部分人来说，总有一个最有效的切入点。

我回想了循环中的五个因素后意识到,我的潮汐习惯是运动。每天早上我都至少锻炼一个小时。通常我的习惯是,早晨4点或5点起床,写作一个小时,之后一边骑健身自行车一边阅读电子书。脚踏板来回交替,直到我汗流浃背。只要我有时间锻炼,那么食物、心情和睡眠都会回到正轨,我也有能力应对任何压力的来袭。

一切都合理了,当肩部手术导致我不得不停止健身时,潮汐习惯走向退潮,影响了无限循环中的所有因素。必须做出改变了。

我决定将健身自行车搬到长椅支架中间,这样我就可以坐直(手握支撑杆),不需要向前俯身扯到肩膀。我增加了一个乐器架来放我的电子书。万事俱备,我的潮汐习惯回来了:我又可以健身了。我的情绪改善了,巧克力也不吃了,我不再像没头苍蝇似的四处乱飞了。再加上几个巧妙摆放的枕头,一觉到天亮也不是问题了。一个健身的习惯显著地影响了其他的习惯,"水涨船高"。

当谈到无限循环时,睡眠的重要性怎么高估都不为过。睡眠就是大脑的自清洁过程,可以将不需要的废物冲洗干净。良好的睡眠可以有效改善心情,也可以增强意志力。为了任何不那么重要的小事而牺牲睡眠,绝对是一个奇怪的习惯。

心理学中有一个术语叫作"报复性晚睡拖延症"(revenge sleep procrastination),它指为了休闲娱乐而牺牲睡眠时间。比如,吃着家庭装巧克力深夜煲剧,或者不停刷短视频,这些都无法帮助你提升无限循环中的任何一项。

报复性晚睡拖延症通常是因为白天的日程安排缺乏自由时间或者缺乏快乐，试图在睡前获得一些自主权（或愉悦感）而形成的症状。对于工作压力大、工作时间长的人来说，报复性晚睡拖延症是一种快速收获即时满足的行为，即使它的结果是睡眠不足，拖累了无限循环中的其他因素。

为了阻止报复性晚睡拖延症产生，我学习了一个重构方法：从前一天晚上开始新的一天。

我从预计起床前 8 小时开始新的一天，这样我就会选择准时上床睡觉，而不太可能多看一集《摩登家庭》( Modern Family )。我非常享受早起的安宁和锻炼时间，再好看的深夜情景喜剧也换不来晨间的喜悦。

保持好奇，找寻你的潮汐习惯是值得的。也许是睡眠，也许是食物。被压力吞没，舍弃潮汐习惯可能会导致其他习惯全军覆没。"水涨船高"，也意味着"水落船低"，找到潮汐习惯会让你受益良多。好奇心就是找到潮汐习惯的关键；一旦好奇心"涨潮"，一切都会有所改善。

**? 好奇起来吧**

- 绘制默认习惯循环图,看清它们是如何为你服务的?

- 你的触发点是什么,如何将触发点转变为提示信号,帮助你激发好奇心?

- 你的潮汐习惯是什么?

# 第 3 章
# 重新审视你的默认习惯

*

疯狂就是一遍遍重复相同的事情,却期望不同的结果。

——阿尔伯特·爱因斯坦
（Albert Einstein）

克里斯蒂的家就是她的车。身怀六甲的她开车载着坐在儿童座椅里的1岁儿子奥斯卡，驱车从维多利亚州的乡村小镇夏帕顿（Shepparton）来到黄金海岸，总行程1200公里。跟一个蹒跚学步的小婴儿共享一辆现代牌轿车绝对不是个长期生活方式，必须有所改变了。

用克里斯蒂自己的话说，她的生活简直糟糕透顶。她一直生活在一个冰毒肆虐的小镇；朋友都在吸食毒品，很多人已经有了毒瘾。她用尽全力"脱胎换骨"，设法为自己和小奥斯卡创造新生活。她的表姐邀请她来黄金海岸居住，这正是这个不断扩大的小家所需要的新起点。有机会逃离虐待她的男友和一个充满毒品诱惑的小镇，可谓天赐良机。

一个周五的下午，她来到表姐的公寓。饥寒交迫的她渴望洗刷掉驾驶1200公里的疲惫，内心对新的开始满怀着希望。但天不遂人愿，她得知表姐在她赶来的前两天过世了。祸不单行的是，这个公寓已不再欢迎她，她现在在黄金海岸举目无亲。

几天之后，我在我每周二上午做义工的慈善厨房认识了克里斯蒂。我们边吃着早餐，边攀谈起来。我为她的勇敢和远离毒品的决心感到钦佩。她誓要成为一个让孩子感到骄傲的妈妈，为孩子打造全新的生活。她来自苏格兰，身上带着苏格兰人特有的坚忍和强悍。对克里斯蒂来说，摆脱毒品的人生是她愿意为之奋斗的，即便这意味着她只能孤独地以车为家。

克里斯蒂的人生观值得我们每个人学习。

第 1 章我们谈论了成瘾这个奇怪的习惯——尽管有严重不良后果，却仍持续坚持的事情。周围朋友吸毒的习惯也摧毁着克里斯蒂的人生。这比吃走味的爆米花或者吃肉馅饼吃到烧心还要糟糕好几个数量级。但是改变的基础步骤是一样的。为了改变，克里斯蒂需要迈出陈旧的默认习惯循环，建立有帮助的全新习惯。

我们从第 2 章的爆米花实验中了解到，改变环境可以改变习惯的提示信号。这给我们提供了空间去仔细看清楚我们的习惯，也看清楚我们对当前收获的结果早该放弃幻想。把电影院的环境改变为实验室给了人们空间，这足以让人们意识到他们并不享受不新鲜的零食。对于克里斯蒂来说，夏帕顿到处充斥着让她想起毒品的人和地方。搬到全新的镇子就像重置，帮助她将默认习惯换成全新的、有帮助的、有意识的习惯。

沃顿商学院教授、行为科学专家凯蒂·米尔科曼（Katy Milkman）对商业中的行为改变进行了研究。她开创了"新起点效应"（fresh start effect）这一术语。像元旦、里程碑式的生日、新的月份、新的星期等重要的日子都是重新开始的节点。然而，"新年新计划"却有很多负面评价——2007 年的一项调查发现，有 1/3 的新年新计划都在 2 月 1 日被放弃了事。不过,米尔科曼反驳了"新年新计划无效"这一观点。她的研究结果显示,在 1 月份设定的目标中,其实有 20% 成功了。

在她的书《掌控改变》(How to Change)中,米尔科曼概述了一些可以提高改变胜算的策略。她说,我们的问题是,"我们寻找能够迅速取得压倒性胜利的解决方案,而往往忽略了对手的具体特性"。据米尔科曼说,"我们必须首先了解我们误入歧途的地方,以此来定制战略",正如孙子所言,"知己知彼,百战不殆"。通过了解自己的弱点,我们可以避免一次又一次地重蹈覆辙。

销售及励志作家丹·平克(Dan Pink)提出了"提前检测"(pre-mortem)的概念。我们都知道什么是尸检("事后检测",post-mortem)——验尸官为死去的人做彻底检查并寻找死因。而"提前检测"就是提前检视所有可能出错的地方,帮助你建立系统以避免错误发生。在不知不觉中,克里斯蒂已经对她面临的毒品诱惑做了"提前检测",而她减轻危险的方式就是搬家,重新开始。

1994 年,一项针对渴望获得有意义的人生改变的人群所做的研究发现,搬家能够帮助人们获得巨大改变。36% 的人在改变居住环境之后有了实质性的人生转变。这也是克里斯蒂所坚持的希望。改变她的环境和与之相关的触发点正是她的小家庭所需要的。在政府和一些慈善机构的帮助下,我们为克里斯蒂和奥斯卡找到了落脚之地,也希望因此可以助她开启全新的篇章。

## 行动带来答案

如果你想要对奇怪的习惯建立好奇心,那么改变环境,随之改变与环境相关的触发因素和提示信号就是很好的开始。摒除不再有帮助的触发因素,建立有帮助的提示信号,必然能够助我们建立新的习惯循环。但是如果缺乏行动,改变是不可能的!为了从默认模式切换到有意识的习惯循环,我们需要做点不一样的事情。

2014年2月,一场工会罢工导致伦敦地铁系统陷入瘫痪。数以百万计的通勤者不得不寻找其他通勤方式。整整48小时,英国首都的交通系统混乱不堪。

通勤者都是习惯性动物,他们每天都会走同样的路线,坐同一班地铁。罢工造成了麻烦,让通勤者不得不发挥创造力寻找其他交通方式。

剑桥大学和牛津大学的经济学家观察了罢工前、罢工中和罢工后的通勤活动,发现了一些了不起的事情。你可能会认为一旦地铁重新运行,人们马上就会恢复过往习惯,对不对?有些人的确是的,但并非全部如此。

罢工结束,地铁服务恢复后,每20人中就有1人(5%)选择坚持新发现的交通方式。地铁服务的中断使他们改变了长期以来的习惯,并发现了全新的、更好的上班路线。

行动给了通勤者答案。强迫自己尝试新事物让这些地铁用户看到了别的选择,好奇心帮助他们权衡了这些选择。是赶公交车还是骑自行车,他们的大脑会快速计算哪个选择更好。见图3–1。

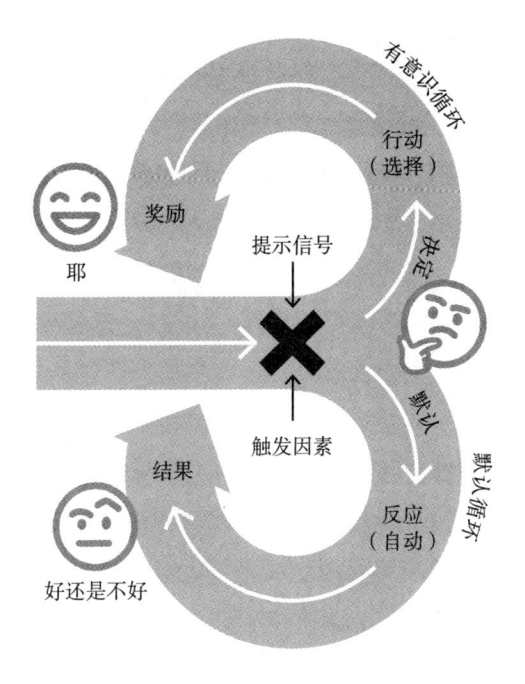

图 3-1　从默认循环进入有意识循环

## 习惯—替换

"习惯—替换",是一种可以将默认习惯循环转换为全新的、有意识的循环的简单方式。它的工作原理在于,我们只要开始好奇,就能够看到其他可行的选择。

你如果能够熟练运用"习惯—替换",就可以将巧克力换成苹果,将攻击性换成接受,将焦虑换成兴奋。注意提示信号,保持好奇,放弃幻想,选择有帮助的习惯循环,这就是毫无压力地改变习惯的方式。

"习惯—替换"的拼图有四个组成部分（见图 3-2），你需要：

- 进行选择（be selective）。
- 明智地使用意志力（use willpower wisely）。
- 培养觉察力（cultivate awareness）。
- 坚持不懈（be persistent）。

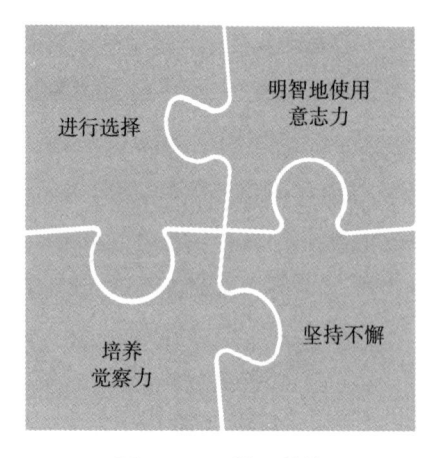

**图 3-2 习惯—替换**

## 进行选择

引用古罗马哲学家塞涅卡（Lucius Annaeus Seneca）的一句名言："如果你不知道要驶向哪个港口，任何风都是逆风。"

选择一个不再有益的习惯，是改变奇怪习惯的关键步骤。

解决任何问题的第一步都是承认有问题存在。一旦你不再对旧习惯抱有幻想，你就可以选择一个新习惯来取代它了。

在《掌控习惯》中，詹姆斯·克利尔（James Clear）说，新的替代习惯必须是"明显的、有吸引力的、容易操作并令人满意的"。如果新习惯符合这些条件，它就是很适合替换奇怪习惯的习惯。

在第 2 章中，我们谈论了提示信号，我们可以刻意运用信号来选择并建立全新的习惯。

我的来访者亚当是一个非常忙碌的房地产经纪，工作使他手机不离手。他工作时间很长，甚至会把工作电话带回家。由于和家人缺乏宝贵的相处时间，他的家庭生活备受折磨，这也给他的妻子和孩子平添了不少压力。

亚当一直没觉得这是个问题，直到女儿的学校举办了"带爸爸来上学"的活动。女儿的老师问道："你爸爸最喜欢做什么？"孩子说："喜欢打电话。"这个答案像一记重拳打进了亚当的内心，他意识到打电话的习惯必须改变了。

我们在一次教练个案中谈到了这个问题，他决心选择一个新习惯，在下班的路上关闭手机。为了提示自己，我们选择了一座离他家大约 5 分钟路程的小山作为标志，这就是他进入"爸爸模式"的信号。他会打完手头的电话，然后录制一个电话留言："我现在进入爸爸模式了，明早给你回电。"之后他用 5 分钟的时间放松自己，降低自己的压力水平，选择好他回到家的"状态"。

亚当设定一个提示，就可以启动他选择的新习惯，设定他想要成为的样子，创造他想要的行动和结果。他总是被电话打扰，回家就暴躁的习惯明显不再有益。他选择的新习惯可以让他在回家后保持专注和快乐。通过选择一个新习惯——包含提示信号、行动、（理想的）结果——让他可以呈现正确的状态，真正成为他想成为的父亲和丈夫。

亚当选择在经过小山时关掉手机，完全满足詹姆斯·克利尔对新习惯提出的条件——它是"明显的、有吸引力的、容易操作并令人满意的"。而且，家人们也因为亚当全身心地回家而开心不已。

选择新习惯，就要清晰布鲁尔博士所说"更大、更好的选项"。你如果决定努力改变一个习惯，请甄选一个更大、更好的选项，因为它能给你足够的动力坚持下去，即便在过程中有其他短期目标试图引导你偏离正轨。就像亚当，一个更大、更好的选项激发了他想要改变的动力。

## 明智地使用意志力

如果行动是由情绪和旧大脑驱动的，那么意志力就是通过依赖新大脑来抵御默认模式。

《意志力陷阱》（*Willpower Doesn't Work*）的作者本杰明·哈迪（Benjamin Hardy）博士，以及《自控力》（*The Willpower Instinct*）的作者凯利·麦格尼格尔（Kelly McGonigal），分别在其书中解释了为什么意志力虽然有效果，但效果只能持续到它耗尽为止。

两人都认为意志力就像一块肌肉,越多使用,也就越强壮;但是如果过度使用,肌肉就会疲劳,进而力量减弱。比如做俯卧撑,你越多地练习俯卧撑,能够做的数量就越多;但是如果你尝试(在毫无训练的情况下)做100个俯卧撑,很有可能你会脸着地摔倒。如果你过多依赖意志力(尤其是毫无训练的前提下),你想要改变习惯的尝试最终就会失败。

凯利·麦格尼格尔是这样描述意志力的:"所谓意志力,就是对'我要做''我不做''我想要完成目标'这三股力量的驾驭能力。"例如,我要每天健身,我不要继续吃汉堡和巧克力了,我想要成为健康的人。

意志力的关键在于,它需要新大脑的努力,换句话说,它需要"认知控制"。

斯坦福大学的研究员罗伯特·萨波尔斯基(第1章也引用了他的研究)说过,新大脑的工作就是当更困难的事情是正确的事情时,让你倾向于做更困难的事情。试图拖延下周就要截止的巨额任务很容易,不过新大脑会在这时候跳出来说:"我今天就要开始这个任务,即便看电视剧更容易。"

对1品脱(约为568毫升)巧克力味哈根达斯说"是"很容易,因为你的情绪化旧大脑热爱巧克力,但是你的新大脑会倾向困难一些的事情。它会说:"我今天不要吃冰激凌。"因为它记得你的长线目标——"我想要健康"——并调动你的意志力,让你选择苹果来代替。

这听起来是个好系统,不是吗?不幸的是,就像肌肉一样,它的确很有力，但也会力竭。压力、疲惫、决策疲劳（选择太多）以及持续的渴望会削弱新大脑的能力，也就是削弱新大脑帮助你在做正确的事情很困难的时候坚持选择困难的能力。当你的新大脑下线了，意志力肌肉就会力竭失效，你会向任意一个更容易的选项屈服。正如本杰明·哈迪博士所言："你的意志力就是你的能量储备，一旦用尽，你也就出局了。"

本杰明·哈迪博士建议，我们需要建立合适的环境，让我们想做的事情变成容易做到的事情。这样我们就保持了能量储备，在最需要的时候使用意志力。

我的朋友马克说，他每次只使用15秒的意志力。他解释道，身为一个巧克力狂热爱好者，每次他去加油站或者去商店买牛奶的时候都会买一根玛氏巧克力棒。为了改掉这个习惯，他发明了"15秒意志力"这个工具。当支付汽油费，或在商店被各种引诱冲动消费的巧克力（提示信号）包围的时候，他会对自己说："我现在有15秒的意志力。"当远离巧克力诱惑之后，他会对自己会心一笑，祝贺自己战胜了"巧克力魔鬼"，这是了不起的成果。

"15秒意志力"是一个很棒的工具，因为它不会消耗过多能量，也会让"我不做"这个选择更容易。

当涉及意志力时，了解你所处的环境也很重要。本杰明·哈迪博士说："在负面的环境中保持积极正向的态度需要很大的意志力。"我会在后文更详细地解释如何对环境保持好奇。

明智地使用意志力来战斗。新大脑帮助你维持有意识习惯循环所需的一切，你都要提供给它。

## 培养觉察力

你无法在毫无觉察的情况下对"习惯—替换"产生好奇。觉察力越强,选择越佳。你做出了更好的选择,也就会看到更好的结果。

有几件事情格外需要觉察,因为如果没有它们,你就像蒙着眼罩试图敲碎隔壁房间的皮纳塔①时一样茫然。

首先是你的身体感受——在你身体里正在发生的事情。科学家称之为"内省"(introspection),也就是对身体的感受保持意识。你如果无法觉察到身体层面的感知,就很容易错过值得好奇的提示信号。胃里翻江倒海可能意味着紧张、恐惧或者饥饿。要知道,从不焦虑的穴居人都被老虎吃掉了,他们无法将DNA遗传给我们。感受是进化的,它们的职责就是提醒我们防患于未然。如果你不能有意识地觉察它们,它们可能就会逐渐成为你的正常运行状态。就好像住在机场附近一段时间之后,你就听不到飞机的声响了一样。对身体的信号毫无觉察,你就不会想到去寻找其他选择,只会延续着默认习惯。

其次是注意那些可能会阻碍你的新习惯循环取得成功的潜在陷阱。"提前检测"在这里可以带来帮助——看清所有可能阻碍新习惯的事情,这样你就可以制订计划以减轻负面影响。假如你知道每一次跟喝醉的菲尔叔叔聊政治都会不欢而散,吵一

---

① 一种内装糖果的动物形状物件,在聚会上孩子们可以用杆子将其打破取出其中的糖果。

架不算，还可能毁掉全家的圣诞节，那么，一个"提前检测"就应该包含一套完整策略以避免闹剧，巧妙地避开政治话题。意识到潜在问题可以让你在事发之前谨慎地想好解决方案。

最后，对你无法改变的事情保持觉察。我的身体有很多古怪的特质。内八字，大屁股，胸口缺少一块肌肉，我有全世界最难看的下颌线条（没有下巴）。我的肩膀很圆，我还没有头发（你可能认为我剃了光头，其实我的发际线早已像前线兵败的士兵一样节节败退）。我的左眼也少一块肌肉，这导致我向右边看的时候就会重影，在九年级之前我都无法阅读。我的太太凯伦，曾有一次了如指掌地罗列了我的所有特质，之后她对我说："上帝创造你只是想看看你会是什么样子。"上帝没有再造一个一样的，太太也爱我如初。

我也希望自己看起来像克里斯·海姆斯沃斯（Chris Hemsworth）①，但即使有各种各样的奇怪生理特征，做我自己仍旧很好。如果我把所有的时间都花在试图去改变无法改变的事情上，那我就没有时间去好奇我的习惯了。我接纳了无法改变的事物，这给了我能量去面对能够改变的一切。

心理治疗师、作家纳撒尼尔·布兰登（Nathaniel Branden）总结得很好，他说："改变的第一步是觉察，第二步就是接纳。"

## 坚持不懈

你只是对改变感兴趣，还是致力于改变？我猜这就是坚持

---

① 演员，漫威电影中"雷神"的扮演者。

不懈的意义所在。你有多想改变？如果你真的承诺要去改变，坚持不懈就是秘诀所在。

所有伟大的英雄都曾在艰难时期坚持不懈。当我想到坚持时，脑中出现的是，埃德蒙·希拉里（Edmund Hillary）①、欧内斯特·沙克尔顿（Ernest Shackleton）②、纳尔逊·曼德拉（Nelson Mandela），以及美国最高法院第二位女性法官露丝·巴德·金斯伯格（Ruth Bader Ginsburg）。

在困难中坚持不懈也成就了像《星球大战》(Star Wars)、《绿野仙踪》(The Wizard of Oz)，甚至是《海底总动员》(Finding Nemo)这样的电影。我们都喜欢英雄故事，即使故事的主角是一条白橙相间的小鱼。

然而，欣赏有关毅力的故事和在自己内在寻找毅力是截然不同的。心理学家、麦克阿瑟天才奖③获得者安杰拉·达克沃斯（Angela Duckworth）在她的书《坚毅》(Grit)中倡导这样一个概念：坚毅是成功的关键因素。她说："天赋固然重要，加倍努力也很重要。"就像觉察力和意志力一样，你如果缺乏坚持不懈的毅力，也不会有改变。

改变习惯可能会不舒服，我们需要大量的毅力和勇气——与好奇心、清晰的思路和开放的心态相协调——以坚持下去。亚伯拉罕·林肯（Abraham Lincoln）曾有一句名言："你

---

① 世界著名登山家，主要成就是登顶珠峰，征服世界"三极"。
② 探险家，主要成就是南极探险。
③ 美国跨领域最高奖项之一。旨在表彰在社会发展中发挥重要作用的创造性人才。

要先确定你的立场是正确的，然后绝不动摇。"他的智慧和毅力结束了奴隶制，你的智慧和毅力也会让你不再继续做错误习惯的奴隶。

## 对提示信号保持好奇

我们研究了习惯循环的运作结构（信号，行动，结果），以及奖励预测如何影响我们的行为。

斯坦福大学的行为科学教授布莱恩·杰弗里·福格（B. J. Fogg）被称为"百万富翁缔造者"。大批硅谷的巨头都参加过他的"劝说技术实验室"（Persuasive Technology Lab），他的书《福格行为模型》是《纽约时报》畅销书，他被誉为"当今世界的斯金纳"。

由福格研发的福格行为模型则有助于减轻养成全新的、有意识的习惯循环过程中的压力。

第一步就是将新习惯"锚定"在现有行为之上。比如你想记住服用维生素，你就可以将提示信号锚定在刷牙上。"我放下牙刷之后，就服用维生素。"福格称之为"习惯叠加法"（habit stacking），这是让新习惯开始的一个好办法。

第二步就是简化新习惯。比如你想开始冥想，可以从60秒的"腹式呼吸"开始。如果想要增加时长也没有问题，但是要以简单的方式开始。

第三步就是庆祝这个新习惯。这对我来说是至关重要的步骤。每次完成例行锻炼，我都会祝贺自己以示庆祝。福格将这个过程称为"阳光普照"。将这一步骤加到习惯循环的结尾，有助于为行动增加正向情绪，也会让人愿意重复。

对压力和习惯产生好奇心之前，我有一个奇怪的习惯，当我的压力满点的时候，我就会吃巧克力饼干，还要来一杯可乐。如果工作繁忙，中间没有适当休息，就会导致我产生不舒服、紧张、烦躁的压力感。我的默认习惯循环就是饼干配可乐的加餐。

进食能激发身体的"休息和消化"系统（副交感神经系统），会带来几分钟的镇静作用。我想要的是更平静，不那么激动。海鞘模式此时开启了，我不假思索地远离了压力，转向糖和咖啡因带来的乐趣中（试图缓解焦虑时，糖和咖啡因就会火上浇油，后面详细讲解）。尽管我想要的是平静，但是我得到的结果是越来越肥的裤子，以及糖和咖啡因引发的压力、焦虑恶性循环。这种时候我怎么能清空压力，减少躁动情绪呢？

一个朋友向我分享了她从冥想中得到的益处，我嗤之以鼻。我怎么可能冥想呢！我在视频网站尝试过几次引导冥想。某个嬉皮士用飘飘然的"平静"声音试图让我"想象一个平静的湖"，还没等我反应过来，我的意识就飘向了湖边的高尔夫球场，迎着左手边的突破点开始了心灵冲浪。显然我不擅长冥想。她建议我试着在感到烦躁的时候尝试两分钟的腹式呼吸。两分钟，我相信我还是可以做到的。

之后的某一天，我突然感到不知所措，不知道怎么办好。

这时候我想起了她的建议,我躺在办公室的地板上,将注意力集中在用腹部呼吸。这比我想象的要容易得多,每当思绪四处徘徊,我就把它引导回呼吸,两分钟很快就过去了。

这是我第一次尝试腹式呼吸,当我重新站起来后,我的感觉棒极了。所有的紧绷和焦躁都消失不见,我感受到的是平静和焕然一新,完全准备好了迎接接下来的一天。我在心里记了下来,以后还要尝试。

别忘了第三步"阳光普照"!

我的提示就是焦躁不安,当我感觉到熟悉的吃饼干、喝可乐的渴望出现时,我就在心里默默记下,暂停,然后有意识地去看看我的选择。我过去的默认循环是吃饼干和喝可乐。新的有意识习惯是冥想——就像福格建议的那样,不过我选择的是两分钟的腹式呼吸而不是60分钟的可视化引导冥想,以使这个习惯简单易行。

我所追求的结果是焕然一新、平静祥和。新的习惯可以帮助我做到这一点,而且还减轻了吃垃圾食品的负罪感。我也在新的习惯循环中加入了"阳光"。短短几个星期的时间,我就将吃垃圾食品的默认行为改变成了腹式呼吸这一有意识行为。

良好的感受强化了新的习惯循环,最终新习惯成了我在超负荷工作或者想要转换心情时的首选。

没有任何一个通勤者希望发生地铁罢工这样的事情,但是成千上万的人从这件事中受益了。我也并不想冥想,我想要的只是减少不知所措和压力倍增的感觉。尝试新事物可以开启更多的选择,对结果保持好奇心有助于将默认习惯改变为有意识习惯，最终后者将成为全新的默认模式。

并不是所有尝试都会奏效。赶公交车或者冥想也许对你而言很糟糕，但是尝试新事物，对结果保持好奇，却是改变的最佳选择。行动带来答案。

## ❓ 好奇起来吧

现在，我们对于习惯如何形成以及如何改变习惯有了更多的了解。让我们充满好奇心地看看下面的问题吧：

- 有哪些并无益处的故事，你经常重复讲给自己听？

- 你有哪些一直重复但其实毫无益处的行为？

- 你身上有哪些触发点，可以转变为引发好奇心的提示信号？

- "15秒意志力"的技巧，你可以应用在哪些方面？

- 上一次因为犯错而"思维升级"是什么时候？

- 你所渴望的结果是什么？为了实现这些结果你的选择有哪些？

# CURIOUS

## 第 2 部分
## 奇怪的习惯

\* \* \* \*

我们已经明白我们为什么有习惯，习惯如何形成，以及什么是默认习惯循环，什么是有意识习惯循环。

我们知道了什么是神经通路，也了解了新大脑和旧大脑。我们明白了触发因素可以转变为引发好奇心的提示信号，我们也大致懂得了需要做些什么可以将默认循环转变为有意识循环。现在，是时候看看一些奇怪的习惯，以及考虑要做些什么才可以改变它们了。

# HABITS

# 第 4 章
# 待在舒适区

*

舒适区——待在一个地方太久，就会成为常态。要学会适应不舒服的状态。

——大卫·戈金斯
（David Goggins）

大卫·戈金斯①改变了人生，也改变了他的健康状况，他忽视了内心的海鞘模式，拥抱了不适，像一个狂人一般突破身心极限，又享受其中。

一点受虐特质，一丝怪人秉性，拼成了百分百的战士，他认为"苦难是一种考验。就是这样，苦难是真正的人生试炼"。

在他的畅销书《我，刀枪不入》(*Can't Hurt Me*)中，他向无数人展示了"对可能性敞开好奇心，在不适中寻找舒适的快乐"。

戈金斯历尽千帆，从卑微的开端一路艰难挺进。

戈金斯的父亲经营着一家溜冰场，父亲要求全家晚上去溜冰场工作，一家人常常工作到午夜。除了繁忙的学业和工作，他还要亲眼看着父亲用皮带虐待母亲（父亲偶尔也会打他）。不堪重负的他战战兢兢地活着。严重的睡眠不足导致他时常在课

---

① 美国超级马拉松运动员，超长距离自行车运动员，三项全能运动员。他是一名经历过家庭暴力、种族歧视、重度肥胖、两次当兵的美国海军前海豹突击队队员。

堂上打瞌睡,他经常被威胁退学或者转入特殊学校。终于,在戈金斯9岁的时候,他和母亲逃了出来。他们搬到其他城镇,远离了殴打和虐待。

戈金斯几乎是个文盲,他一路作弊完成了高中学业,甚至无法阅读。他成了基础教育的漏网之鱼,却机缘巧合地加入了美国空军。

23岁的时候,这个被誉为"最坚强的人"和现在简直有着天壤之别。他当时已离开空军,从事着一份除虫工作。压力性进食、抑郁情结和过低的自尊,把他变成了一个重达297磅(135千克)的人。他自己也承认,那时的他肥胖、懒惰又痛苦不堪。

电视上一则海豹突击队的应征广告激发了他的兴趣,他决心申请。招募人员告诉他,以他的身高,他必须体重低于191磅(87千克)才有资格应征。也就是说,如果他想要加入,他需要在3个月时间里减掉100多磅体重。

接受挑战!

戈金斯不得不开始好奇自己的一些习惯——最重要的一个就是,一直生活在舒适区这个习惯。保持舒适就是一个奇怪的习惯,它有帮助,但不会一直有帮助。

成为海豹突击队队员这个更大、更好的机会激发他重新开启自律开关,彻底改变了他的思想、身体和精神。他成功减轻了体重,加入了海豹突击队。

神经科学家安德鲁·休伯曼博士提出了"边缘分歧"(limbic

friction)①，它描述了新大脑必须克服一些阻力，才能使旧大脑也加入习惯的改变中。

吃甜甜圈的边缘分歧非常小——它很容易做到，尤其是如果你热爱甜甜圈。而想让300磅的身体从沙发上下来去跑5英里（约为8公里），尤其是你体质非常差的时候，则恰恰相反。它需要新大脑的大量认知控制以及自上而下的努力，来试图说服旧大脑：拖着懒惰的身子跑5英里虽然不舒服，却是值得去做的事情。

要记住，行动必须经过情绪化驱动的旧大脑，你的新大脑需要非常具备好奇心和说服力，才能真正改变行为。

戈金斯有一套自己的方法去面对改变习惯所带来的痛苦，它既有效又很反直觉。他找到了在困难的事情中获得多巴胺的方法。他的建议就是："拥抱痛苦。"换句话说就是，学会适应不舒适感，运用你所掌握的思维工具来改变没有益处的习惯。

## 繁重的苦力一定要去做

为了建立好奇心，精神"苦力"是不可避免的，决定好你要做的事情，忍耐随之而来的痛苦。如果你真的致力于改变，而非一时兴起的话，这就是必须面对的。我知道我正在喋喋不

---

① 指逻辑性的大脑皮质与情绪化、原始冲动、条件反射状态的边缘系统之间的分歧——"想要"做某件事和真正去"做"某件事之间的分歧。

休一些大男子主义的陈词滥调,像啤酒广告一样乏味,但是陈词滥调之所以不停出现,是因为它们真的蕴含道理。

有句话是这样说的:"痛苦不可避免,但可选择是否受苦。"的确如此,改变习惯的繁重苦力令人痛苦。

- 当体重达 135 千克,又伴有抑郁情结时,开始规律锻炼是很痛苦的。
- 离开成功的事业,追随你的热情其实会让人很难受,尤其是当你觉得自己很失败的时候。
- 直面带给你焦虑的内心恶魔和不安全感很可怕,又充满痛苦。
- 打破工作中事无巨细地监管团队的习惯,重新给予他们自由是很困难的。
- 工作中的新计算机系统本应很棒,但到目前为止,我仍旧讨厌它。

改变总会或多或少涉及精神上的痛苦,但是是否感到压力、是否因此受苦则在我们的掌控之中。

劳神劳心的繁重苦力通常会出现在你开始想要替换不再有益处的古老习惯,试图建立全新的、有意识习惯循环的初期(见图 4-1)。这就像第一次尝试穿越杂草丛生的沙丘开辟全新的道路,或者第一次驾驶汽车一样,需要精神上的努力、认知上的控制、自上而下的思考、新大脑压倒性的全盘操作……无论怎样,这都是改变习惯中最艰难的重头戏。

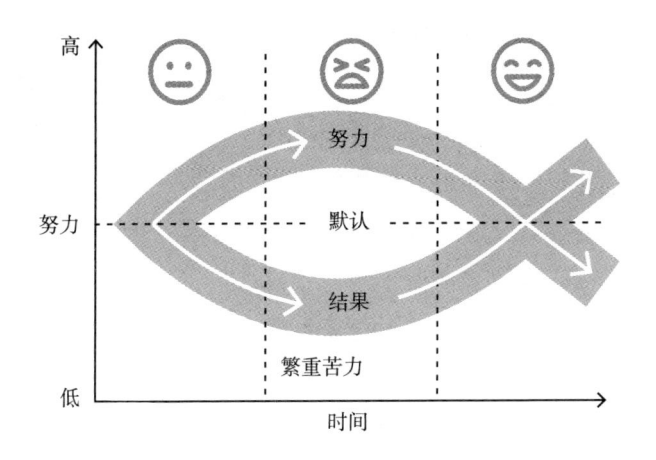

图 4-1 繁重苦力

当你处于繁重苦力的工作阶段，一开始你也许会发现，更多的努力可能带来更糟糕的结果。这时候回到熟悉的方向，走向阻力最小的道路会变得格外诱人。这时候你要连接内在的戈金斯，他在《我，刀枪不入》中敦促我们："不要允许你的身体和意识随心所欲地做它想做的事情！拿回掌控权！"

这位声音粗犷的海豹突击队退役队员说："繁重的苦力一定要去做。"不要允许内心的海鞘主导一切。重构你的习惯，让它符合你更大、更好的目标，享受哪怕微不足道的胜利。

## 不尝试的结果是遗憾

哪个更不舒服：是原地踏步，明年今日还在同一地点，还是迎困难而上，冒着失败和蒙羞的风险离开舒适区？

　　三年前我发明了一种符合人体工程学原理的椅子。当我需要全天坐着的时候，我感到背部酸痛，所以我想到了一个可以在坐着的同时加强核心支撑的方法。我称它为"水母椅"。其实并不复杂，就是在椅子上加装了一个波速球（想象一个富有弹性的大健身球被切成两半）。

　　这简直太棒了，这样的椅子不仅可以帮助我固定核心，也可以修正我的后背问题。我当时觉得"人人都需要它，我在网上一定能卖出几百万把"。我注册了一个教授如何在亚马逊销售产品的在线课程，之后联系到了一家制造商。我们要生产2000把椅子。之后，我们要把它们运到澳大利亚和美国的亚马逊公司。"办公室革命要来了，水母椅将颠覆你的办公座椅体验。"

　　现在看来，这家制造商并非仁义道德之辈。尽管我们签署了保密协议，他还是偷走了我的设计，并将我的椅子的独家销售权卖给了美国的一家竞品公司。当椅子制造完毕装满集装箱以后，他拒绝运送到美国，因为他已经和我的竞争对手签署了独家协议。我不得不将椅子转运、重新包装，再邮寄到美国的亚马逊公司。

　　经历这一系列过程，大半的波速球都平了。亚马逊上的销售评论也不堪入目。每天我都得花好几个小时处理客户的投诉，简直糟糕透顶。

　　水母椅失败了。想法很棒，但是执行过程狼狈不堪。（大部分原因在于我信任他人的天性，我总认为每个人都会做正确的事儿。）

我的朋友凯文给了我很好的建议："如果必须吃屎，就大口吃！"就像肯尼·罗杰斯（Kenny Rogers）的歌《赌徒》（"The Gambler"）中唱的那样："你得知道什么时候跟牌，什么时候弃牌。"

我卖掉了剩余的库存，及时止损！

尝试销售一种全新又独特的产品，同时面对着全球物流难题和不太道德的制造商，的确是一个压力巨大的工作。我完全离开了舒适区，也花费了数千美元。这痛苦程度连我最舒适的椅子也无法消除。

可如果重来一次，我还愿意这样做吗？完全没问题！

我损失的这不大不小的一笔钱，就是我的学费。我的确学了很多，也的确尽力去做了。真正让我兴奋的是我走出了舒适区。能有足够的勇气奋力一搏就足够令人开心了。

当结果无法确定、令人害怕或难以预测时，大脑会将保持现状视为默认选项。也就是，什么都不做，不去改变。对失败的恐惧是真实存在的，它会导致惰性，也会阻止人们去尝试。

而我们为何如此害怕失败？对很多人来说，他们担心的是其他人对他们的看法。不过，我很喜欢一句话：他人如何看我，与我无关。

根据我自己的体验，同时结合我身为教练帮助他人时的观察，我意识到对失败的恐惧其实更关乎你对自己的看法。如果你有强大的自我价值感，那么一星半点的失败是无法撼动你的，你会将失败视为学习经历。

别忘了，人类有三大驱动力：避免痛苦、寻求快乐和节省能量（这是最容易的途径）。短期来看，保持现状是安全又轻松的，它满足三大驱动力中的两条。保持现状的问题在哪里呢？在于即便现在看起来安全又轻松，然而无聊和不去尝试的懊悔早晚会浮出水面让你痛苦不堪。

避免改变的压力就像使用信用卡一样为你带来即时满足：即刻轻松获得，但是以后得偿还付清。

你也许听说过澳大利亚缓和照顾（palliative care）[1]护士布罗妮·韦尔（Bronnie Ware），她研究了年长之人和他们最大的五个遗憾。这些遗憾分别是：

- 我希望我能追求我的梦想和抱负。
- 我希望我没有那么努力地工作。
- 我希望我有勇气说出内心的想法。
- 我希望我能与朋友们保持联络。
- 我希望我能让自己更快乐。

这里就包含了很多奇怪的习惯，其中最主要的就是后悔保持现状，后悔没有尽力尝试。

尝试，然后失败，从不是一件坏事。当时可能感觉压力巨大，但是你会有所收获，生活也会继续。

---

[1] 是2014年公布的全科医学与社区卫生名词，指患者所患疾病已无法进行治疗时，向其提供的镇痛、退热、营养支持等措施及相应的心理、社会方面的照顾。

我革新世界各地办公环境的梦想可能无法实现，但是我巩固了自己充满勇气的身份，我是一个足够勇敢、愿意尝试的人。当我临终时，我对水母椅不会有任何遗憾，甚至想到它的时候也只会莞尔一笑。

## ❓ 好奇起来吧

- 你在逃避怎样的繁重苦力?

- 在你生活中,哪些领域的现状让你不舒服?

- 你会后悔没有做什么呢?

# 第 5 章
# 完美主义

*

完美主义是梦想的杀手,因为它不过是恐惧的乔装打扮,假装自己正在努力做到最好。

——**马斯汀·基普**
（Mastin Kipp）

现在是一个周六晚上的9点半，莎莫已经到家了，她整个人蜷缩在沙发上的毯子里，喝着一杯热饮。几个月来第一次出门玩，她却不得不早早地回了家。熟悉的胃痛又开始折磨她，没用多久，微弱的胃痛就激化成了严重的胃痉挛，通常只有她非常焦虑时胃痛才会这么严重。她内心的海鞘催促着，现在得离开这里。虽然她经历的并不是惊恐症发作，但是似乎也差不多了。

莎莫一直都是个成就很高的孩子——她是那种被夸赞聪明的孩子，她也竭尽所能不辜负这个名声。九年级的时候，她经历了学业的小滑坡，以前全A的成绩时不时地会跳出零星的B，甚至还有偶然出现的C。这些都让她聪明绝顶的名誉岌岌可危。那时候她意识到，天生的聪明才智只能走这么远，必须加上勤奋努力才能保证成绩遥遥领先。

跟大多数青春期的孩子一样，莎莫也得面对社交圈的动荡。她失去了一些朋友，也收获了新的朋友。尽管扰人心绪，她还是暂时把社交生活抛到脑后，全身心地发奋努力，以班级名列前茅的成绩完成了学业（以及大学）。高分数让她感觉棒极了，她的大脑对她说:"再来一次。"斯金纳一定会为此骄傲的。

我们已经知道,奇怪的习惯就是我们根据不再有帮助的默认模式而产生的感受、想法或行为。莎莫期待高分并为之付出努力的习惯是有帮助的,将时间最优化管理也是有帮助的。

那么,为什么这个聪明、吸引人、交友广泛的 21 岁女孩会如此焦虑,以至于她不得不在周六晚上早早回家,蜷缩在毯子里求安慰呢?

答案就潜藏在两个相互滋养的因素里:期待和完美主义。这两个特性莎莫都具备,而它们都在喂养着焦虑这头猛兽。

## 舒适不等于快乐

我的朋友迈克尔·德桑迪(Michael DeSanti)经营着感恩训练课程,同时著有《新派男性》(*New Man Emerging*)。迈克尔认为,允许自己滞留在舒适区,不论时间长短,都是一个奇怪的习惯:"在我们看到舒适区究竟有多不舒服之前,我们很少会去反思在舒适区中生活所付出的代价。"

迈克尔说,人们经常认为自己想要的是舒适。如果舒适是你的目标,得到舒适易如反掌。但是你得知道,舒适不等于快乐。舒适不是成就,不是满足,不是成长,也不是充实的人生。舒适就是舒适而已。上面罗列的这些,都发生在舒适的相反面——不舒适之上。

躺在沙发上一集接着一集地看《权力的游戏》(*Game of*

Thrones）真的很舒服，但是如果你真的渴望充实的人生，你早晚得拿掉舒适端的精神奶嘴，开始探索如何不舒适。充满生命力地活着本身就是不舒适的，要不断成长、不断改变。如果一点痛苦也没有，就一点改变都不会有。

戈金斯已经完全掌握走出舒适区的方法。在20多年的军旅生涯中，他曾在伊拉克及阿富汗服役，也是美国武装部队中唯一完成海豹突击队训练（包含两个地狱周训练）、陆军游骑兵学校训练以及空军管制组训练的人。

2015年退役后，戈金斯开始参加超级马拉松比赛以及长距离自行车赛，并开始写书。他帮助成千上万的人开启好奇心，迈出舒适的默认循环，进入真正可以成长发展的空间。

戈金斯把不舒适化身为一种艺术。套用罗伯特·弗罗斯特（Robert Frost）的话，就是"戈金斯选择了更少被选择的习惯循环，这带来了天差地别的改变"[①]。

## 期待会孕育怨恨

就像很多奇怪的习惯一样，完美主义一开始看起来是好的，

---

① 引用原文为美国20世纪著名的田园诗人罗伯特·弗罗斯特在《未走的路》(The Road Not Taken) 一诗中的"I took the one less traveled by, and that has made all the difference"，译为"我选择了少有人走的那条路，这造成了此后所有的差异"。本书作者套用了这句话，写为"He took the habit loop less travelled and it made all the difference"。

关注细节，这很有帮助，但是这场美梦会破灭。

完美主义恰当地满足了一开始对于优异表现的需求；但是就像莎莫发现的那样，时刻期待完美很快就会变成负担，并不总是能带来全面、快乐和平衡的生活。

莎莫热衷于掌控。这让她感觉安全，当一切有条不紊的时候，她内心的海鞘就可以放松、平静下来。当她出门的时候，焦虑迎面而来。她的朋友们喜欢聚会，就像不少刚成年的孩子一样，钟情于喝酒和滑稽表演。这两件事都让莎莫觉得失去了掌控，这对她不断攀升的焦虑简直有害无益。朋友们的滑稽行为让她紧张，她的战斗或逃跑系统瞬间倾覆了她，她只想跑回安全的沙发里。

莎莫内心对朋友们的期待推波助澜了她糟糕的状态。她希望朋友们不要再放纵，不要被酒精变成傻瓜，但是她的朋友们对她的期待完全视若无睹。与此同时，她也感到朋友们期待她可以大口喝伏特加，散开头发学会放肆。问题在于，她喜欢自己规规矩矩的状态，还有保持原状的头发。

有句老话："期待是怨恨的前身。"莎莫现在就在这个阶段。她对自己的期待和朋友施加给她的压力，使她的焦虑表红灯亮起。内心的海鞘给她提供了一个方便的选择：待在家里，就不再需要应对焦虑，也不需要感受一触即发的怨恨了。你好啊，社交焦虑，看见我的毯子了吗？

莎莫的爸爸妈妈和我是好朋友。有一天晚上，我跟莎莫聊了起来，她向我解释了最近对社交场合的回避，我也感受到了她高强度的紧张。我们约定好一周之后的教练课程，一起探索近来她所经历的一些事情。

# 寻找卡洛斯

我想你会喜欢卡洛斯的，反正我是喜欢的。我花了很长时间才认识他，偶尔他也有些难以捉摸，但是一旦找到他，卡洛斯简直棒极了。

我在教练培训中研发的工具之一就叫作"寻找卡洛斯"（Finding Carlos）。这里有一个识别最佳自我特征的过程，我把这些最佳特征称为"本体目标"（identity goal），它们描述的是你最渴望成为的人的类型。本体目标是：

- 固有的：它们来自内心，与外部的成就或验证无关。
- 有意的：它们是经过深思熟虑的有意识行为，你有目的地做这些事情。
- 无限的：你永远无法完全实现这些目标，永远都需要不断努力；即便到了耄耋之年，你仍继续向往着它们。

卡洛斯是我的另一个自我，是我更好的版本。作为卢克的我有点懒散，很容易分心，也不太体谅他人。卢克可能在街上看到垃圾会迈过去，而卡洛斯则一定会捡起来扔进垃圾箱。我喜欢卡洛斯是因为他非常清晰什么是重要的。卡洛斯知道自己的本体目标都有什么。

我的本体目标是：好奇、有创造力和慷慨。

如果能够实现这三个目标，我就会满足得像在泥塘里打滚的小猪仔。这也是我如此热爱工作坊和教练指导的原因——它们给了我绝佳的机会成为好奇的、有创造力的、慷慨的人。

我指导莎莫完成了寻找卡洛斯的练习，我们解开了很多困扰她的恐惧和担忧。我们聊到了学业和高标准、严要求的压力。她解释了同伴给她的压力，也了解了一旦朋友们不做她认为"正确的事情"时她有多不舒服。同时，她意识到交往了很久的男朋友将她视作"妈妈"多过"伴侣"。这些压力倒满了她的压力桶，是时候做些什么了。

课程结束时，莎莫非常清楚她需要改变哪些习惯循环，也知道了她想成为什么样的人。她的本体目标是：勇敢、坚定、体贴地接纳。

前两点对莎莫来说可谓与生俱来。勇敢和坚定是她从妈妈身上继承来的特征，是她的默认特质，她也非常喜欢。而发展"体贴地接纳"是她需要为之努力的方向。

第3章中，我们谈到了"习惯—替换"，其中的第一步就是进行选择：甄选一个全新的习惯或特质，清晰了解你所期望的回报。通过选择"体贴地接纳"，莎莫对自己想要成为什么样的人，以及更好的自己是什么样，都有了清晰的认识。

努力成为更好的自己是健康的，也是幸福和充实人生的必要条件。而期待自己或他人完美则是另外一回事了。相信你最不希望的就是对自己产生怨恨。我们在第1章中谈论到成瘾，成瘾就是逐渐缩小给你带来愉悦的事物的范围，以及不顾不良后果也要延续的行为。我觉得完美主义符合这两个条件。

休斯敦大学的羞耻研究专家、人类各项难题研究师布琳·布朗（Brené Brown）[1]这样定义完美主义：

> ……一种自我毁灭并成瘾的信念系统，它助长了这样一种基本想法：如果我看起来完美，生活完美，工作完美，一切都尽善尽美，我就可以避免或减少羞愧、被评判和被指责带来的痛苦感觉。

根据布琳·布朗博士的说法，完美主义是一种躲避负面情绪的方式。羞愧、被评判和被指责的感觉并不好。如果我看起来很完美，拿到完美的分数，还有一个完美收纳的袜子抽屉，那就不会有人说我坏话了。

布琳·布朗博士将完美主义描述为一面"20吨重的盾牌"，人们随身携带它，以保护自己免受不想要的想法和感受的影响。就像所有奇怪的习惯一样，这面盾牌在某些阶段起到了保护作用，但它最终会变得沉重不堪。

完美主义会扼杀好奇心。它将失败和犯错变成个人缺陷，这会让你感觉糟糕透顶。如果你必须完美才能对自我有良好的感知，那你完全不会尝试新事物，因为那势必会带来失败的风险，而你的自我价值可能会经受巨大打击。

在我们做治疗的几周中，莎莫结束了一段已过使用期限的关系，并重新找到了与朋友保持连接的乐趣。她开始学着放下

---

[1] 致力于研究人们的脆弱、勇气、价值感以及自卑感，并著述成书。2010年布琳·布朗的演说"脆弱的力量"（The Power of Vulnerability），是TED最受欢迎的演讲之一。

盾牌。她意识到朋友们并不完美,无论她的分数有多高,学习多努力,她也不完美。

莎莫现在懂得了选择,尤其是当她面对社交生活的时候。那些通常会引发焦虑的事情现在变成引起好奇心的信号。好奇心可以帮助她连接勇敢、坚定,体贴地接纳这部分自我。

焦虑意味着身体和大脑需要你的关注。体贴地接纳有助于莎莫看到,其实她本来就很好。而追求卓越本就是一种令人钦佩的品质,莎莫也将它延续了下来。她目前正在学习成为一名医生,而且做得棒极了。她勇敢又坚定(一如既往),新发掘的体贴地接纳,也将压力桶里的期待和完美主义挤了出去,把它们换成了好奇心。莎莫真的脱胎换骨了。

## ❓ 好奇起来吧

- 对完美的期待在哪些方面阻碍了你的发展?

- 你需要对哪些性格特征感到好奇?

- 完成以下句子:"我很好,因为我……"

# 第 6 章
# 拖延

*

如果可以拖到明天,为什么要今天做呢?
——《海绵宝宝》
(*SpongeBob SquarePants*)

我有一个拖延的奇怪习惯。不对,我们都有一个拖延的奇怪习惯。为本书做研究时,我问了很多人的奇怪习惯,而拖延位居他们的习惯榜首。尽管原因不尽相同,但是我们都有拖延症,只不过有的人更善于合理化这个行为。

拖延是为了调节情绪。有些事情让人压力倍增或者令人厌烦,推迟会让你马上获得即时满足,让你瞬间好起来。尽管该做的事情还得做,但是那就变成"未来的你"的难题了。

拖延症分为两种类型,取决于我们所延后的任务的属性——有最后期限的任务和没有最后期限的任务。

任何经历过最后期限的人都知道,日历上迫在眉睫的日期可以成为一个多么强大的激励因素。蒂姆·厄班(Tim Urban)在他的 TED 演讲"拖延大师的内心世界"(Inside the Mind of the Master Procrastinator)中描述了恐慌这头怪物:当最后期限临近时,这头猛兽就会活跃起来,激发人们专注工作。"恐慌怪"会增加压力水平,让你有足够的动力完成任务。如果没有"恐慌怪"带来的压力,我们中很多人可能会无限期拖延下去。来自最后期限的压力给我们鼓了劲,让我们有能量继续行动。

我实在讨厌报税。每年,我都告诉自己7月1日一定要开始,但是下一年的3月,我才会"拖"着(做了一半的)税收单不情愿地去找会计师。就像本杰明·富兰克林(Benjamin Franklin)总结的那样:"在这个世界上,除了死亡和税收,没有什么是确定的。"这两件事我都不急于完成。

回避死亡并不是一个奇怪的习惯——回避死亡是进化的产物,是明智又谨慎的。而回避填写表格,回避将收据附在电子邮件中转发给会计师则的确是一个奇怪的习惯。我讨厌做账,文书工作对我来说无聊透顶,而缴税也实在令人厌烦。有关税务的事情没有一件是让我感觉好的,我内心的海鞘不断地告诉我去回避它们。

要记住,情绪推动行动。如果我们允许内心的海鞘主导一切,我们就会选择避免痛苦,寻求快乐,走阻力最小的那条路。当想到要去做一件困难的事(比如报税)的时候,痛苦不期而至,所以我们会回避它并开始转向任何感觉快乐的事。麻烦的地方在于,它确实需要被完成。在财务年度结束和提交纳税申报表的最后期限之间的9个月时间里,我想过不下一百次要真的行动了。这不下一百次的压力,其实在7月1日用一两个小时就可以避免。

我知道现在有很多"反拖延者"在世界各地蓬勃涌现。这些就是在7月1日报税的人,一收到账单马上支付的人,也是那些袜子抽屉收纳得一丝不苟的人。"我不拖延!"这些人一边说着一边兴高采烈地在自己的待办事项清单上打钩。对反拖延者来说，最后期限永远都不是问题，他们讨厌悬在头顶的任务，完成任何一件事都会让他们开心不已。这仍旧是海鞘模式，只不过效率高了一些。

对于非常善于立即完成任务的人，我们怎么能在他们的称呼中加上"拖延"两个字呢？这也引出了另一种拖延——非最后期限型拖延。

以下是非最后期限型拖延的一些范例：

- 开始你一直没时间去的环澳大利亚旅行。
- 邀请会计部的简（你暗恋了很多年的那个人）外出约会。
- 完成那个你一直想写的、梦想成为芭蕾舞演员的脱衣舞娘／电焊工的剧本。
- 身着豹纹紧身衣在卡拉 OK 高歌《我会活下去》（"I Will Survive"）。
- 发布你设计的狗项圈系列产品。
- 开启已经推迟 5 年的山羊瑜伽（goat yoga）[①] 事业。
- 写一本关于拖延症的书。

我的朋友——作家艾丽西亚·麦凯（Alicia McKay）将这种类型的拖延称为"露营车"。原因在于她的父母很多年来一直信誓旦旦地说要买一辆露营车然后浪迹天涯，但是生意和孙辈拖

---

[①] 山羊瑜伽是风靡欧美的一种瑜伽形式，山羊在瑜伽练习者周围吃草、休闲，或踩在瑜伽练习者的身上，可以帮助瑜伽练习者挑战更高难度的动作，以及舒缓焦虑、减缓压力，达到身体和心灵的双重放松状态。

住了他们的手脚。他们仍旧不断地去看露营车展,浏览各式房车的网站来折磨自己。

你如果想做什么,就去做!如果做不了,就不要把梦想像胡萝卜一样吊在驴面前。我们都会时不时地拖延,但是想要真正掌控非最后期限型拖延,关键就是要勇于承认,并决定我们是否真的要去房车旅行。

如果没有最后期限和蒂姆·厄班所说的"恐慌怪",我们就很容易永远拖延下去。

## 痛苦与无聊——我们为什么会拖延

19世纪德国哲学家阿图尔·叔本华(Arthur Schopenhauer)并非以轻松、乐观而闻名;他之所以久负盛名,源于他的洞察力,尽管略带悲观主义色彩。他说:"人生就像钟摆,在痛苦与无聊之间摆荡。"

我并不是一个执迷于悲观思维的人,但是这句话引起了我的注意。

我们都感受过心流的美妙感受——当我们的大脑完全专注于当下任务时,时间变得无关紧要,我们全情投入地完成最佳表现。

我们19世纪的德国朋友也许真的言之有理。如果从压力的角度来诠释他所说的话,无聊意味着压力不足,而痛苦意味着压力过大。两者之间的平衡点,就是我们要找的心流。

压力激素的进化是为了推动我们动起来（做些什么）或者保护自己。简而言之，缺乏足够的压力意味着我们没有动力去行动，进而导致拖延。（这是叔本华所说的"无聊"。）

引入少量的压力是对付拖延这一奇怪习惯的好办法。设定最后期限，对自己做出承诺，招募负责任的伙伴，都是引入压力以确保我们采取行动的好办法。

## 如果……我就会开始？直接去做吧

你需要集齐多少只小鸭子，才开始愿意去做你生来就该做的事情？你知道我在说什么，去实现那个能够改变你的生命，也让这个世界变得更好的、独属于你的使命。

恐惧、完美主义、冒充者综合征都会助长拖延的习惯。"我需要再多收集几只小鸭子，然后向这个世界分享我自己。"

我很不喜欢待在摄像机前面（我的大头适合电台节目），但是新冠肺炎（COVID-19）的到来中断了所有面对面的线下活动。我意识到如果我想向这个世界分享我的信息，就必须通过视频或即时通信软件。我买了灯具，一个全新的摄像机，还有一个相机控制器。我的计划是，买齐所有的装备，就开设网络课程。几个月的时间里，我不断地收集设备，却并没有真正付诸行动。直到迫不得已，我终于开设了课程。课程进展得格外顺利，那些我认为必不可少的设备，其实只用了不到一半。

这件事教会我：直接去做吧！尝试，失败，然后学习，甚至在你还没有意识到这点之前,你就会打破惰性的枷锁。有时候你需要的就是适应不舒服的感觉,去做一些让你害怕的事。

鸭妈妈从不会安排自己的小鸭子——鸭妈妈走出去,小鸭子就会排列跟随。这就是它们排成队的方式。

行动会给你带来答案。

想清楚你想要的,让那些更大、更好的目标足够引人注目,吸引你内心的海鞘跃跃欲试地加入进来,帮助你将目标变为现实。这就是找到动力的关键。

人就像一艘大船,改变方向需要非常大的努力。而拖延症让大船始终保持向同一个方向前进。

曾有一家制药公司希望说服客户们将品牌药物换成非专利药物。同样的药物,包装不一样,价格也更优惠。在改为非专利药物之前,制药公司需要得到客户的许可。于是,这家公司发出信件邀请客户更改药品,也提到了客户们会因此节省一大笔钱。尽管新的药物同样有效,而且费用不到一半,但只有3%的人同意换药。

该公司决定提高筹码,向任何愿意更换药物类型的客户提供一年的免费药物。然而,仍旧只有10%的客户选择更换。

接下来,该公司采用的方式更加激烈了。他们发出一封信,信中写道,他们将停止药物的发送,除非客户回答一个简单的问题:"你是想要非专利药物,还是要花费是其两倍价钱的品牌药物?"

《怪诞行为学》(*Predictably Irrational*)一书的作者、心理学家丹·艾瑞里(Dan Ariely)将此描述为在决策道路上设置一个丁字路口。当你走到丁字路口时，你必须做点什么，这样你就不能继续拖延了。

一旦人们被迫做出有意识的慎重选择，而不是一味地朝同一个方向前进，他们就更有可能做出改变——80%的人改用了普通的非专利药物，为自己和制药公司节省了不少钱。

拖延是一种奇怪的习惯，它与调节情绪和对未知的恐惧有关。如果一方是已知但糟糕的结果，另一方是未知但也许绝妙的好结果，人们通常会选择前者。想想看，找工作，离开虐待性伴侣，加入新的健身房，开始新的博客频道……我们往往会避免不确定性带来的痛苦，也会避免做错选择带来的遗憾。不幸的是，惰性会让我们永远卡在相同的习惯里。

钟摆的另外一边——叔本华所说的痛苦呢？

澳大利亚一位传奇的足球教练约翰·肯尼迪（John Kennedy）对他的球员们说过一句名言："你的心理极限比你的身体极限要更容易达到。记住，当你累了，你认为你不能再继续了，其实你可以！"

从进化的角度来看，肯尼迪的观察是非常合理的。如果你是一个在赛伦盖蒂草原上奔跑的穴居人，心理极限低于你的生理极限必然是件好事。如果你不断奔跑而昏死过去，会让碰巧经过的懒惰的老虎饱餐一顿。进化确保了痛苦的压力（或压力的痛苦），使我们在身体无法动弹之前就从精神上放弃。这就是我们放弃的原因（见图6–1）。

斯坦福大学的神经科学家安德鲁·休伯曼博士对我们为什么放弃以及如何继续前进有一个有趣的看法。如果我们看看压

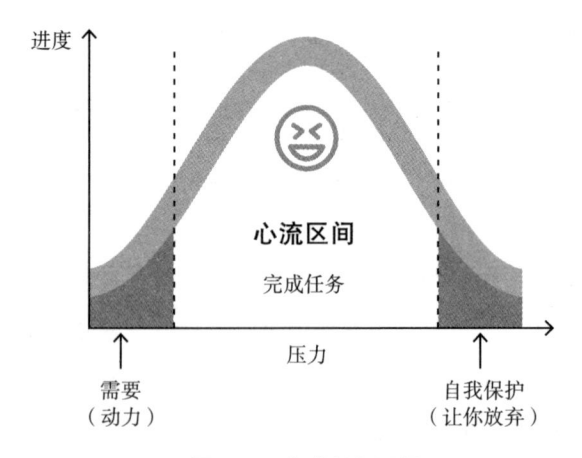

图 6-1　完成任务区间

力激素，我们就会发现它在早晨上升，这会推动我们行动起来。如果没有这一推动力，我们就不会起床（终极拖延）。这是叔本华所说的钟摆的一端。另一端是，当天的事情导致我们的压力水平上升到不舒服的时候会发生的状况。如果压力升得太高，我们就会放弃。

为了提高复原力，休伯曼博士说我们需要加入奖励系统——多巴胺。多巴胺是我们的驱动力，对压力有缓冲作用。它可以降低我们的压力水平，推迟放弃和退出的需要。

如果我们设定一些小的、可实现的目标，并在达成目标之后庆祝，不仅可以增加多巴胺的分泌，还可以减少压力并推迟放弃的冲动。超级马拉松运动员将此称为"分段拆解"（thin-slicing）目标。不要想着终点线，只要想着跑到下一个灯柱就开始庆祝胜利（有阳光普照般的喜悦），然后再设定下一个新的分段目标。

休伯曼博士推荐了一个他称为DPO的系统：持续时间（duration）、路径（path）、结果（outcome）。设定一个持续时间，制订一个计划，并确立一个期望的结果。在每一天当中创造很多小目标，当我们达到这些目标后就庆祝，这样做可以有效降低我们的压力水平。如果一天中没有任何微小胜利，那么无论你做什么都会感觉徒劳无功。不但如此，如果一整天都在从事着没有目标性的事，反而会提升你的压力水平，进而提高你放弃的可能。

想象一下，压力的不断增加就像给你的汽油箱加油。油箱一满，加油泵就会自动切断，也就是它放弃了。而庆祝微小的胜利可以加大你的油箱，使你能够继续在有压力的环境下蓬勃进步。

防止过早放弃的另外一个方法就是重构你对压力不适感的思考方式。你要适应不舒服的感觉，对不舒服保持好奇。压力其实就是一个信号，提醒你需要加强关注了。把压力视为正向且有帮助的事物，可以很好地提高自身的复原力。找到压力的来源，将压力从威胁重塑为一个挑战，这样你就可以运用压力去实现目标。重塑压力其实就是推远放弃的基准线，给自己预留更大的空间。

## 巧妙利用"刻意拖延"

我们的目标就是保持在图6-1所示的"动力"和"自我保

护"之间。

当你感到大脑不堪重负的时候，你就需要休息，这就是需要刻意拖延的时刻了。

假设你有一个压力桶，它的容量就是你在放弃之前能够忍受的压力量。在感到不堪重负，脑子变成糨糊之前，倒掉压力桶里的一部分压力激素绝对是个好主意。

出门散步，在大自然中做做运动，甚至在视频网站上看个搞笑视频，这些都有利于清除压力桶里的压力，让你带着热情回归正在做的事情，为你腾出继续学习的空间。

不过，不要把刷手机当成为自己充电的方式。特拉维夫大学和密歇根大学最近的一项研究，测量了68名受试者的焦虑水平，发现使用社交媒体来拖延只会导致焦虑增加。这样看来，使用社交媒体来拖延并不能清空人的压力桶。研究还表明，即便你刷完手机回到工作中，也会出现注意力不集中、更易退出的表现。

如果仅是打发时间，社交媒体是很棒的。但是如果想要清空压力桶，让自己焕然一新，那这就是个糟糕透顶的工具。

刻意拖延有技巧，就像面对压力和困难时一样，我们可以使用休伯曼博士的DPO模型，确定持续时长、路径和结果。比如："接下来的30分钟时间，我要去遛狗、听音乐或在视频网站上看有趣的猫咪视频。我知道这些事情可以清空我的压力桶。之后，我要完成英语作业的第四部分。"

回到叔本华所说的钟摆两端——痛苦和无聊。我想，我们都可以学会刻意拖延，拥抱钟摆无聊的那一端。就像秋千上的孩子，当孩子摆到一侧时如果你抓住他的脚不让他荡回去，他会兴奋地尖叫。但是如果你抓住的时间太长，孩子可能就会号啕大哭。

我们必须学会摆荡，因为在一端荡得越高，另一端相应也就越高。

亚当·弗雷泽（Adam Fraser）博士是迪肯大学的一名组织心理学（organizational psychology）研究人员。在研究复原力水平的时候，他在数据中发现了非常深刻的信息。他发现，我们并不是复原力有任何问题，而是没有投入足够的努力去恢复。他说："我们没有任何复原力问题，我们面对的是恢复问题。"

对待休息要像对待工作一样细致具体，你要刻意让自己摆荡到弧线的末端，像对待工作一样有目的性地恢复。通过具体规划休闲充电时期的时长、路径和结果，你就可以从压力桶里腾出一些空间来。

对拖延抱有好奇心，可以帮助你轻松地完成更多的工作。你会认出什么时候的拖延是有目的性的刻意拖延，什么时候的拖延是将它视作回避的策略。其实方法非常简单，就是问问你内心的海鞘，它究竟想得到什么。好奇心会让一切未知都变成已知。

## ❓ 好奇起来吧

- 你选择的拖延工具是什么？

- 你的非最后期限型拖延是什么？

- 当你再次烦躁不已、压力桶满溢的时候，你会选择哪种刻意拖延的方式来平缓心情？（不要忘了，持续时间、路径和结果。）

# 第 7 章
# 自我对话

*

我脑袋里那个声音就是个混蛋。

——丹·哈里斯
（Dan Harris）

进行内在对话是专属于人类的怪癖——脑子里有个旁白一直喋喋不休。不幸的是,大部分人脑子里的声音都有点像《布偶大电影》(*The Muppets*)里的斯塔特勒和华尔道夫,那两个脾气暴躁的老混蛋,不但顽固还有爱嘲笑别人的共同爱好。像丹·哈里斯一样,我内心的旁白也是一个挺不地道的家伙。

人类的大脑,特别是新大脑,就是一个预测机器。它会预测接下来要发生的事情,这种预测让我们有采取不同行动的选择。然而,当我们内心的海鞘参与进来的时候,问题就出现了。我们的旧大脑有负面的倾向,意思是说它会偏向关注威胁,而不是关注奖励。这样的话,史前人类有可能会错过好事。他们一定要活下去才能继续捕猎,如果他们没注意到老虎的出现,那就会成为老虎的午餐,没办法参与进化。注意到坏事将要发生的人能够活下来,这就解释了我们的消极偏见是说得通的。

那么,为什么我们内心的声音那么讨人厌呢?

就像大部分不招人喜欢的人一样,你脑袋里的声音也喜欢证明自己正确。比如,你需要倒车进入一个非常狭窄的停车位，你的大脑会评估停车位的大小，然后快速调动过去相似的记忆，以判断你能否做到。如果你认为自己是倒车界的杰森·斯坦森（Jason Statham）[1]，那你的内心旁白就会站在你这边。如果你身边停着好几辆车，你马上就要迟到，而且你曾经刮伤过轮毂还撞坏过保险杠，那你的内心旁白可能就会像那些暴躁的布偶一样。

有意思的事情来了。如果倒车路径太刁钻，你搞砸了，内心这时候可能会开始小声嘀咕："我早告诉过你。"——尽管倒车失败了，但是至少你内心所想是对的！这是人类天性中的一个怪癖，我们太喜欢永远正确了，即便结果不尽如人意，没有任何帮助，甚至让我们变得更糟,我们也希望自己是对的。

## 弄清楚是谁在说话

艾米·西尔弗（Amy Silver）是一名心理学家，也是《最聒噪的房客》（The Loudest Guest）一书的作者。她将自我对话描述为我们脑袋里的派对，而恐惧则是最聒噪的客人。恐惧主宰着对话，而且声音响亮到房间最那头的人都能听到。

我曾跟艾米聊过自我对话，也探讨过为什么我们不能对自己好一点。她解释道，我们越是试图把脑袋里恐惧的声音推开，它就会越响亮；但是如果我们靠近一点，试着去了解它究竟想要保护我们什么，它影响我们的力量就会减弱。恐惧就像个蹒

---

[1] 英国影视演员，硬汉形象深入人心，主演过不少跟飙车有关的电影。

蹒学步的孩子，你越想忽略它，它就越大声。艾米的建议是，确保你认可恐惧的存在，但是不要允许它控制你——"允许恐惧加入宴席，有属于自己的位置，但是它没有决定你要如何行动的投票权。"

搞清楚究竟是谁在你脑袋里说话很重要。你知道是恐惧正在说话，这份理解本身就会降低它的力量。动画电影《头脑特工队》（*Inside Out*）将人类情绪描绘成各式角色，这些角色在主人公的头脑中控制着一切。电影中，你能看到究竟是谁说了算，是乐乐、忧忧、怒怒、怕怕，还是厌厌。

还有一件能够带来帮助的事情是，你得知道脑袋里的声音有时候可能是个混蛋。

密歇根大学教授伊桑·克罗斯（Ethan Kross）博士和同事们做了一个有关自我对话的非常有洞察力的实验。他们将参与者的大脑连接到脑电图机上，机器会显示他们大脑中被激活的部分。参与者被要求观看一些令人感到不适的图片，并使用第一人称语言（"我觉得……"）和第三人称语言（"卢克觉得……"）来解释这些图片带给他们的感受。

脑电图显示，以第三人称称呼自己会将被激活部分从情绪化、反应性的旧大脑中转移到具有思考性和逻辑性的新大脑中。换句话来说，只要拉开你自己和你的感受之间的距离，新大脑就会被允许接管一切，并运用逻辑来解释当前情况。这就是一种回击消极自我对话的方式。

《圣经》中有一个所罗门王的故事，所罗门王是一位明智而高贵的领袖，他是犹太人的国王。身为国王，他最为著称的就是为他人提供建议，人们不惜遥遥万里也要来到他的身旁听从指引。问题在于，他自己的人生可谓一塌糊涂，妻子们和金钱都是他无法解决的困扰。他很擅长解决别人的问题，自己却不断后院起火。

能够给他人提供良好建议却无法解决自己的问题，是一个奇怪的习惯，现在被人熟知的名称是"所罗门悖论"（Solomon's Paradox）。本质上，它意味着人们对他人的困扰进行推理时会更为明智。

给他人提出好的建议很容易，却很难知道自己的难题该如何解决。而运用第三人称语言或另一个自我，就可以将你和问题拉开距离。一旦拉开距离，你就可以将新大脑、旧大脑连接起来，这种全新的清晰度会让所罗门王都为你骄傲的。

## 清楚自己的最佳版本

早在第 5 章，我就介绍了卡洛斯，我的另一个自我。卡洛斯帮助我重塑了我内心那毫无帮助性的自我对话。作为卢克的我对自己评判又指责，然而卡洛斯则是一个很正向的小伙子，他说的话更能鼓励我，也能让我保持好奇。

运用另一个自我可以很有效地让内心的旁白来帮助你，而不是一直扮演预言未来灾难的诺查丹玛斯（Nostradamus）[1]。

---

[1] 法国犹太裔预言家，写有预言集《百诗集》。——编者注

如果你想改善自我对话,你最好先搞清楚你的最佳版本是什么样的。为了改善你跟自己说话的方式,你需要找到并且关注你的最佳版本的特征。

我的一位导师马特·丘奇(Matt Church)有一个技巧,他称之为"佛之乐"(Buddha's delight)(不是那道出名的素食),方法就是"在别人身上认出你也具备的好品质,并欣然地享受发现的过程"。

我运用这一概念很好地帮助了人们走出自身,与自身拉开一些距离,更客观地看到不但存在于他人身上,也存在于自己身上的那些令人钦佩的品质。我会邀请我的来访者选择三个人,列出他们身上令人欣赏的特点,这三个人分别是:

- 你"部落"中的一员(朋友或家庭成员)。
- 过往生命中出现过的人。
- 书籍或电影中的人。

同时,我还邀请我的来访者想一想生命中自己处在最佳状态的时期,描述那时候的自己。这是我们最后的步骤,也是魔法诞生的时刻。人们几乎毫无例外地选择了遭遇困境或挑战的时刻——举步维艰挣扎时期。伟大的水手需要波涛汹涌的大海,一切顺风顺水的时候,最佳的自我往往并不会展露真容。

到这时,来访者通常已经写好了特征清单,上面包含所有他们欣赏的品质。之后我邀请他们选择三到四个最重要的特征,这将成为他们的本体目标。再次强调,这些特征需要是:

- 固有的，它们与外部的成就无关。
- 有意的，它们是经过深思熟虑后的有意识选择。
- 无限的，你永远无法完全实现。

本体目标给了我们有意识生活的方式。杰伊·谢蒂（Jay Shetty）在他的《僧人心态》（*Think Like a Monk*）一书中，将其描述为："从外部目标中退后一步，放下对成功的外在定义，关注内心。"

我的朋友克雷格·邓肯（Craig Duncan）博士是一位心态大师。他说，本体目标是你"临终记分卡"的一部分。如果你只能在你的墓碑上写三四个词，它们会是什么？

越早开始定义属于你的优良特征越好。

早在2012年，当我女儿刚刚10岁的时候，我们的一次对话就深深地镌刻在了彼此的内心。我问她："你觉得，你身上最好的部分是什么？"她把头歪向一边，脸上露出了只有小孩才有的好奇表情。她说："我真的很努力，即便我在有些事情上并不擅长，即便困难出现，我仍旧会坚持。也许我永远不会成为最好的，但是我会一直坚持下去。"

我回答她："这意味着你很顽强，这简直太棒了。你还有哪些地方特别好呢？"

想了一会儿后，她开口说道："我真的善于注意到别人是不是不在状态。我总能看出来他们也许不太对劲。尤其是如果他们没有朋友一起吃午饭的话，我总会过去和他们坐在一起，这通常都会让他们好起来。"

我心潮澎湃。每当父母看到孩子身上美好的一面时，都会感觉温暖、柔软的血清素喷涌而出。我说："这很好，克洛伊。这意味着你有同理心。"

回看抚养女儿的这些经历（她现在已经是个年轻的成年人了），我无比骄傲。是的，我觉得这里面有我的功劳，更大的功劳归我的太太。但是最大的功劳来自克洛伊。这次简单的谈话，让她认识到了自己坚韧不拔和富有同理心的超能力，以后的日子里，她不断地进步，越来越好。

## 你是否在喂养你的克星

每个超级英雄都有克星。超人有克星莱克斯·卢瑟（Lex Luthor），蝙蝠侠有克星小丑，特工奥斯丁有克星"邪恶博士"。你脑袋里的卡洛斯也需要一个克星。

我的卡洛斯也有克星，他的名字是小卢克。他是个来自内兰（Nerang，属于黄金海岸地区）的笨拙的内八字脚小男孩，他直到九年级都无法阅读，必须比常人付出更多的努力才能达到可以被接纳的平庸水平。

卡洛斯愿意尝试任何事物；而小卢克则要谨慎很多，他总会紧跟其后提醒着有些事情不能做的理由，以及他之所以不够好的原因。卡洛斯有梦想，热爱挑战；而小卢克有的是借口和威胁，他希望我待在舒适区里保持安全和渺小。

卡洛斯想写书，开设"压力重置"课程帮助人们消除生活中有毒的压力。卡洛斯想要分享；他信任自己，而且他也具备好奇心、创造力和慷慨的分享欲。小卢克却经常问："你是谁？你凭什么可以这样做？别人又为什么要听你的？"小卢克的建议是继续做安全的工作，保持渺小，不要去做让我（和卡洛斯）热情洋溢的事情。

我在企业工作的时候曾有一位同事达雷尔，他是我认识的人中最擅长谈判的。我曾经问过他为什么总是能在谈判中胜出，他告诉我一个简单的策略："找到人们想要的，然后向他们描述，如果没有它，他们的生活会怎样。"

小卢克运用了达雷尔的谈判策略。他指出了卡洛斯想法和计划里可能会出的所有问题，以及保持原样会有多么安全。如果允许小卢克说了算，他会把我锁在安全的舒适区里。卡洛斯告诉我我想要什么，小卢克告诉我没有它我可以如何生活。这是个奇怪的习惯吗？

进行内在对话有点像老派的动画片，英雄的肩上会站着一个天使、一个恶魔。卡洛斯和小卢克就都坐在我的肩膀上。唯一能够确定我以正向的方式进行自我对话的方法就是弄清楚是谁在说话。如果我认出说话的是小卢克，我可以很肯定，他说的所有话都引自海鞘模式用户指南。

不知你是否听过切罗基人关于两匹狼的故事。

一位智者对一个男孩说："我的内心有两匹正在打架的狼。一匹狼充满了愤怒、仇恨、羞耻、嫉妒和谎言。另一匹狼充满了爱、喜悦、真实与平和。这场战斗不仅在你内在，也在每个人的内心肆虐。"

男孩犹豫了片刻说道："谁会赢呢？"

智者回答："你喂养的那匹。"

## 冒充者综合征是个悖论

冒充者综合征就是内心一系列缺乏信心、无法胜任、不足够、不够好等感受的集合，即便面对相反的证据，这些感受也仍旧存在。患有冒充者综合征的人会经历长期的自我怀疑，总感觉自己是个骗子。

冒充者综合征可以发生在任何人身上；如果你没有把它认出来，没有客观地把它揪出来重新审视的话，冒充者综合征就会像成吉思汗横扫千军一样侵犯你的自我对话。它的侵略性如同成吉思汗麾下的骑兵，任何突破又小又安全的舒适区习惯的野心都会被它全面围剿。

沃顿商学院的教授亚当·格兰特是这样描述它的。

冒充者综合征是个悖论：

- 他人信任你。
- 你不信任自己。
- 比起他人的看法，你却更相信自己。

如果你怀疑自己，难道你不也该怀疑一下你对自己的判断吗？

当多数人都选择信任你时，意味着是时候你该相信他们了。

研究表明，70% 的人都经历过冒充者综合征，而其中很多都是超级聪明、非常成功也颇有成就的人。自我怀疑会激励我们更努力、更透彻地深入钻研我们的领域，不断提升技能。真正出现问题的地方是，冒充者综合征会导致我们在完全确认自己完美之前不会采取任何尝试。

害怕失败、完美主义、自我价值感低下、恐惧尴尬，这些奇怪的习惯共同构成了冒充者综合征的基础。家庭的动态和小时候的信念在这里也占很大比重。

我有三个姐姐，她们都非常聪明。小时候，我在阅读方面有着各式各样的障碍，我感觉自己就是家里的傻瓜。我的左眼缺少一块肌肉，这导致我看向右边的时候就会重影。因为一直如此，我都没有想过对任何人提起我看到的东西都是两个重叠在一起的。在我眼里，文字是杂乱无章的，我记不住看到了哪里。直到九年级的时候，我才读了第一本书《杀死一只知更鸟》（*To Kill a Mockingbird*）——现在仍旧是我的最爱。也是在大姐的帮助下，我才读完了十二年级的英语。因此，我对自己讲述的故事就是：我不擅长英语。

在我二十几岁的时候，我就想要写一本关于领导力的书，但是冒充者综合征阻碍着我实现它。我退回到舒适区那奇怪的安全地带，时刻审视着自己。

讽刺的地方在于，我的工作都围绕着书籍。我的播客就叫作"下一本书看什么"（Your Next Read），在节目中我会采访作家。每周我都至少读完一本书，并且花大量的时间写作。这本书已经是我的第三本书了，但是我仍旧不认为自己是作家。冒充者综合征是很难转变的，尤其是你对自己能力的判断是小时候形成的。不过这也让我无比感恩你，我亲爱的读者，感谢你购买了这本书并阅读到这里。我也十分感谢我的编辑布鲁克·里昂（Brooke Lyons），她让我的文字清晰可读了起来。

其实，冒充者综合征就是害怕自己不够好，害怕被"识破"的恐惧。

你逐渐适应了不适感，并学会处理些许恐惧之后，你的冒充者综合征就会减轻。就像艾米·西尔弗说的那样，允许恐惧加入宴席，有属于自己的位置，但是它没有决定你要做什么的投票权。

有时候觉得自己像冒牌货是正常的。然而，如果你的习惯循环是当信心减弱时就选择不作为，那也许你该尝试改变默认习惯，将它变成一个连接内心卡洛斯，勇于尝试的有意识习惯。行动会给你答案，而行动也是了解自己是否能做到的一个好办法。

我们都抱持着一些被莫名当作真理的信念。就像我常说的，我们都会在脑袋里编造故事；你如果一定要编造一些事物让自己去相信的话，那就编点有帮助的。

## ❓ 好奇起来吧

- 最佳版本的你有什么特点？

- 哪些恐惧在阻碍你？

- 你编造了哪些对你毫无帮助的故事？

# 第 8 章
# 积极乐观

*

如果什么错都没犯却一直输,你就该换个游戏了。

——尤达大师
（Master Yoda）

你知道卢克岛吗？

让我给你介绍一下吧。这是一个美妙的地方，每个人都内心纯良、和蔼友善，朋友之间彼此关照。在卢克岛，乐观积极是默认模式，我们只能看到乌云的金边——乌云被我们忽视，甚至都很少被承认。在这个奇妙的地方，困难会迎刃而解，独角兽会吹出彩虹。谁不想生活在这种地方？

就像所有奇怪的习惯一样，乐观开朗和积极向上的实用性也是有限的。总是能看到每个人身上的闪光点，总在假设每个人都有正向的意图，这能够帮助你建立幸福的生活；但这种正向会让你对负面消息或可能伤害你的人和事视而不见，这个时候问题就出现了。盲目乐观会让内心的海鞘开心。只要你不承认坏事有可能发生，海鞘就会一直怡然自得又放松愉悦。

其实，像愤怒、失望和遗憾这种负面情绪都是伟大的老师。这是我们本该去体会的，只有这样我们才能更好地去理解这个世界。可是，当我生活在卢克岛时，我并没有允许自己在负面情绪面前驻足太久，以至于我都没有足够的时间去学习它们本该教给我的一切。

## 有毒的积极性

有句老话说得好，宇宙会不断带来相似的磨炼，直到你学会为止。

忽视负面情绪或将它搁置在一边，迫使我不止一次地咽下艰难的教训。因为自尊和想要成为领袖的需求，我曾做过非常糟糕的商业决策。

当我在澳大利亚也开眼镜店"Specsavers"时，拥有全国第一的门店对我来说至关重要。我记得有次参加 Specsavers 的颁奖晚会，在我就座的那张桌子，除了我以外每个人都拿了奖。我很清楚我的店铺拥有当年最高的销售额，但是居然没有任何奖励。

我怒不可遏地冲到运营经理那里大发牢骚。24小时之后，一个巨大的蛋糕出现在我的店铺门前，上面赫然写着"澳大利亚销售冠军"。我的团队非常兴奋，我哄骗自己，我的抗议都是为了团队——其实根本不是。这都是为了我的小我（ego）而已。

如果你的驱动力来自小我，或者来自失望、愤怒之类的情绪，意味着你并没有活出自己真正的价值。如果你需要一个透明的树脂奖杯才能体验到被认可，这可能就是一个信号，提示你需要提高自我觉察，需要明确你的目的究竟是什么了。

我花了几年的时间才学会这一课，我终于明白我要对负面情绪保持好奇，而不是试图把它们藏在地毯下面，回到舒适的卢克岛假装一切都好。

著名心理学家苏珊·戴维博士将情绪称为"路标"。她拒绝使用"积极情绪""消极情绪"这样的概念，更喜欢将情绪标注为"有帮助"或"没有帮助"，是否有帮助也可以根据情况适当调整。在充满威胁的情况下，愤怒是有帮助的。而当与配偶谈话时，愤怒则鲜少带来帮助。

感恩、信任和喜悦这样的情绪让人感觉很好。而悲伤、厌恶和愤怒则没有那么让人愉悦。苏珊·戴维博士认为，与其自动地试图避免这些让人不舒服的情绪，我们需要做的其实是靠近所有的情绪并开启好奇心。通过好奇心，我们可以去感受这些情绪，这样就可以在感受和行动之间预留一个空间。

维克多·弗兰克尔（Viktor Frankl）是奥地利心理学家，他著有《活出生命的意义》（Man's Search for Meaning）一书，他经常引用的一句话是："在刺激和回应之间有个空间，我们可以在这个空间里选择如何做出回应。"

好奇心会赋予你空间。

如果没有好奇心，我们的本能就是远离任何消极和痛苦，尽我们所能地去减少当下的不适感。然而，当我们对自己的感受保持好奇时，情绪就会成为路标，它会教给我们：我们是谁，我们的价值观是什么样的，这个世界又是什么样的。

苏珊·戴维博士对20世纪70年代首次提出的"有毒的积极

性"（toxic positivity）这一概念进行了阐述，并解释了回避负面情绪可能会对你产生负面影响。她说，我们不断否认真实情绪，其实会使我们更加脆弱，因为这会导致我们无法生活在真实的世界中，而是生活在一个我们臆想出来的世界里。

我认为人带着有毒的积极情绪是因为欠缺能够与坏事和平共处的能力。这其实是一种强迫性的需求，强迫自己在任何时刻都要处于喜悦、乐观的状态。很不幸的是，有毒的积极情绪带来的结果就是人们否认、最小化，甚至无视人类真实的情感体验。

你如果有过以下想法，是时候开始好奇了。

- 有可能更糟的，至少还没有……
- 你不该有这种感觉的。
- 不要想了，快继续吧。
- 都是你想出来的，保持快乐的想法就行。
- 幸福是一种选择。

这些想法虽然没有绝对的对错，但是也需要考虑时间和地点。

尽管是出于良好的意图，但是沉溺于有毒的积极情绪其实会诱发羞耻感，导致人们将负面情绪压在心里，深埋痛苦。在《压力特氟龙》中，我们提出了这样的观点：如果没有诚实地自我觉察，生活会变得更加压力重重。有毒的积极性就是试图哄骗自己，试图让自己感觉好起来，而不去面对令自己不舒服的情绪并吸取教训。

面对负面情绪，我们时而需要短兵相接，时而也需要紧紧依偎。

拥抱你的负面情绪，可以提高自我觉察力，也能确保你讲给自己听的故事是完整的，故事里包括那些丑陋的、摇摆不定的部分。

## 残酷的乐观主义

早在20世纪90年代，健身热潮曾席卷澳大利亚，但是相应的健身设备通常最终都会在床底积灰。

跆拳道视频、腹肌滚筒和轮滑被吹捧为减肥的简单工具。我最喜欢的热门产品是"博飞居家八分钟腹肌锻炼"。六块腹肌的赤膊壮汉穿着粉色的小短裤在深夜的电视上花无数个小时试图说服你，如果你买了这些视频，商家不但会送你一套免费的牛排刀，还会帮助你实现所有的健身目标——但前提是你现在就得行动。来自世界各地的人放下了手里的家庭装薯片，纷纷进行电话订购，好像订购了产品他们就可以马上在短短8分钟内让深埋在脂肪下面的六块腹肌得见天日。

深夜的信息广告充满了残酷的乐观主义，它把人们吸进了幻想中，让人们觉得自己所有的问题都可以通过购买产品而轻松解决，不论是健身器材还是切肉机。营销人员恣意吹捧着最新的技术，好像这些技术可以帮助你在不费吹灰之力的情况下达到所有困难目标，比如练出六块腹肌，在毫不费力或只需付出小小努力的情况下开展一门生意，或者在虚拟货币交易中挣大钱。

我把这称为"简易解决方案谬论"（easy solution fallacy）。如今这个概念已经开始潜入我们思维中，并创造了不少的奇怪习惯。

海鞘模式——就是帮助我们避免痛苦并走向快乐。我们的第三大动机让我们走阻力最小的那条路，残酷的乐观主义恰好符合这一点。

如果你面对困难的时候曾经说过"我只需要……"，你可能已经相信"简易解决方案谬论"。以下这些话听起来耳熟吗？

- 管住嘴、迈开腿，我就能瘦。
- 对成瘾物质说"不"。
- 选择成为快乐的人。
- 如果你能梦想到，你就能做到。
- 每天8分钟，腹肌收入囊中。

如果这些事情真的那么容易，那所有的人就都有六块腹肌或者超级游艇了。这就是"简易解决方案谬论"的问题所在。对抑郁症患者说："选择快乐吧。"这就像轻飘飘地跟酗酒者说别喝酒，或者告诉病态肥胖者少吃多运动一样荒唐。

抑郁、成瘾和病态肥胖等病症都是非常难以克服的问题。它们的出现都有盘根错节、根深蒂固的原因。那些贴在保险杠上的励志心灵鸡汤是不可能轻易解决这些问题的。

残酷的乐观主义的例子比比皆是，其中不乏心怀善意的良好忠告，但问题在于他们提出的建议都太过于简化。我曾经也犯过这种错误，我曾对自己甚至对别人提出这种过于简化的建议，比如"这么做就行"或者"为什么你不这样想呢"。这些建议也许看起来是有帮助的，却很少被落实，也很难真的付诸行动，原因就在于它们并没有给人们预留空间去探寻问题的根源。

对我来说，无论是作为教练给他人提供指导还是面对我自己在生活中的问题，真正的解决方案是去问一些非评判性且充满好奇心的问题。比如，"我从这里面得到了什么？""我在这里的选择都有哪些（什么）？"

这些问题通常是问"什么"，目的就是寻找奇怪习惯的真正成因，比如暴饮暴食或冒充者综合征等的真正成因。而问"为什么"通常略显评判，也会导致人们产生羞愧感。因为我们不可能仅仅通过一个简单问题就能停止消极的自我对话，或者突然获得抵抗诱惑的能力。

单纯地跟自己说"就少吃几口饼干吧"，并不能帮助我打破奇怪的习惯。真正起作用的是保持好奇，找到我真正想要的是什么，然后要看到可以得到它的其他方式。从热衷于吃饼干转变为腹式呼吸，可不是简简单单地对自己说"少吃几口"就能做到的。

如果没有真的带着好奇心去探索糖给我带来什么（更肥大的裤子和血糖骤升骤降），以及我真正想要什么（平静），那我永远无法找到坏习惯的核心根源。满溢的压力桶和烦躁的情绪，就是导致我想吃饼干的根源。只要找到一个能够解决这个主要根源的习惯，那么这个替代习惯就会更具吸引力，这个时候我就可以不带有任何指责和内疚，真正允许改变发生。

我们常说"我只是/仅仅……"，"只是/仅仅"其实就是一个警告，提醒我们可能正徘徊在残酷的乐观主义的领域。如果所有的"简易解决方案"真的那么容易，那我们现在就该做到，不会在问题上纠结那么久了。

而通过好奇心，我们不但能够找到习惯的根源，也可以选择另一个替代习惯。这样的改变就是来自我"想要"改变，而不是我"不得不"改变。

残酷的乐观主义，是指试图用一个过于简化的解决方案来解决困难的问题，同时并不承认这些问题的深层原因。简单的解决方案往往会失败，而当人们不可避免地失败并为此自责时，乐观主义就会变得残酷起来。

## 好奇起来吧

- 哪些事情让你感到不舒服,以至于你开始诉诸有毒的积极情绪来寻求安慰?

- 对于毫无益处的情绪,你计划如何处理它们?

- 你要如何挖掘问题的核心根源?

# 第 9 章
# 活在落差中

*

衡量进步的方法是看你距离起点有多远,而不是距离理想有多远。

——丹·沙利文

(Dan Sullivan)

超级教练丹·沙利文和组织心理学家本杰明·哈迪博士曾合著过一本出色的书,叫作《落差与收获》(*The Gap and the Gain*)。

书中教导我们,想象一个横向坐标,其中包含我们过去的样子,比如 10 年前的样子,现在的样子,以及我们正在努力实现的、未来的理想样子。

我们总是会处在"过去的我"和"理想的我"之间的某一个点上。而且,"现在的我"和"理想的我"之间也总是会有落差(见图 9–1)。这个落差通常就是我们衡量自己的标准,与此同时,未来的目标似乎也在不断移动,好像总是那么遥不可及。

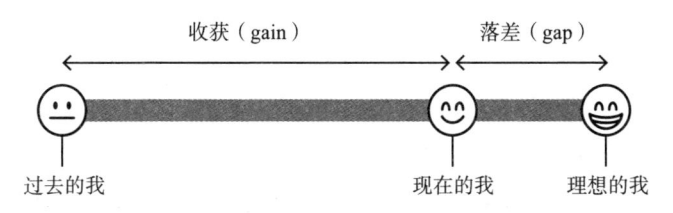

图 9–1 落差与收获数轴

然而，我们通常看不到的是"现在的我"和"过去的我"之间的距离——我们的收获，因为我们并不会去测量"现在的我"和"过去的我"之间的差距。所以，我们无法体验到在这段时间所收获的快乐和满足。

沙利文和哈迪说，我们花了太多时间活在"现在的我"和"理想的我"之间的落差里，而没有去享受我们的收获。

## 落差与收获

将幸福推到遥不可及的远方，只会让落差变得更大。这样不仅会让我们离更好的自己越发遥远，也会让我们感觉力不从心，甚至无法快乐起来。活在落差中，就是将自己放在匮乏和比较的境地。这会导致我们的自我价值完全取决于未来的行为所带来的外部认可。

《精要主义》（Essentialism）一书的作者格雷戈·麦吉沃恩（Greg McKeown）是这样说的："如果你专注于你所缺乏的，你将失去你所拥有的。如果你专注于你所拥有的，你将获得你所缺乏的。"

人们认为，"匮乏"的反义词是"丰富"。然而，我要告诉你"匮乏"的相反面其实是"足够"。我们可以单纯地感受到"此时此刻的我"，就足够了，如果我们在这样的足够感中努力去缩短落差，会发生什么呢？正如布琳·布朗博士所说："'永远不够'的相反面并不是'丰富'或'比你想象的还多'，而是

"足够"。也就是说,"匮乏"的相反面其实是'足够'。"

我听到过一些成就已超预期的成功者在房间里大喊大叫,他们总以为自己"还不够"的想法只会让他们变成丧失兴致、懒惰的可怜虫,最后他们连从沙发上爬起来都做不到。为了有动力,我们需要匮乏感,是吗?

以"足够"为出发点,并不会延缓我们努力的速度。其实,我们大可承认我们的收获,并以此为基准而努力,放弃"我不够好"这个出发点。这样是不是既可以让这些成功人士避免感受到对生活的深深不满,又保持蓬勃发展的动力呢?

我想重申的是,"需要"和"想要"之间是有区别的。比如,你"需要"第三辆法拉利,还是你"想要"第三辆法拉利?我们有对食物、居所和与所爱的人保持连接的需求,但是我们也要明白,很多奇怪的习惯都源自伪装成"需要"的"想要"。而清晰两者的区别,可以帮助我们更接近理想中的自己,帮助我们以收获为基准开始前进,逐渐缩短"现在的我"和"理想的我"之间的差距。

## 解构"GAP",缩小落差

如果你一个星期内连续听到同一个故事两三次,相信你能看出来这就是为你准备的故事了。我之前从来没有听说过丹·詹森(Dan Jansen),也完全不知道他是何许人也,突然间他的故事出现在《蒂姆·菲里斯秀》(*The Tim Ferriss Show*)的一集节目中，又出现在一个讲述奥运会的视频短片里，然后我又在当时正在阅读的书《落差与收获》中读到了他的故事。这必然是一个连宇宙都不肯让我错过的故事了。

丹·詹森会滑冰。但是直到 1984 年冬季奥运会之前，没有人知道他究竟滑得有多快。当时丹·詹森只有 18 岁，勉强加入美国速滑队。对于这个新秀，人们并没有给予过高期望，但是他最终取得了 500 米速滑第 4 名的成绩——对于这个年纪的年轻人来说，这是一个非常了不起的成绩。他的未来可谓一片光明。

1988 年卡尔加里冬季奥运会到来前，人人都知道了这个叫丹·詹森的年轻人有着了不起的速度。他是奥运会速度滑冰项目男子 500 米及 1000 米的夺冠热门人选。丹·詹森认为自己的肌肉类型是快缩型肌（fast-twitch muscle）[①]，500 米对他来说简直易如反掌。

1988 年 2 月 14 日凌晨，丹·詹森在奥运村接到家乡医院的电话。从电话中他得知，一直在与白血病做斗争的妹妹简似乎已经时日无多了。丹·詹森试图在电话中跟妹妹告别，而妹妹虚弱到无法回话。几个小时后，就在他一生中最重要的比赛之前，丹·詹森得到了简已经去世的消息。

丹·詹森当即决定不参赛了，但是父亲对他说："你觉得简会希望你怎么做？"丹·詹森思考了片刻以后回话道："她会希望我继续的。"就在比赛前几分钟，毫无准备的丹·詹森穿上了

---

[①] 指哺乳动物骨骼肌肌纤维分类中的 II 型肌纤维。直径较大，含有较多的收缩蛋白，纵管较发达，以糖酵解供能为主，收缩速度较快，但耐力较差。

冰鞋。他泪流满面，努力地鼓励自己坚持下去。但是他的心态已完全失衡，比赛刚开始他便重重地摔倒在地！不，丹·詹森怎么可以摔倒呢？他不可以摔的。面对已发生的这一切，强烈的失败感击倒了他。他不仅辜负了比赛，也辜负了简——他多想为简做些什么。

几天后，他参加了1000米的角逐。他以足以打破世界纪录的速度在赛道上飞奔着。所有人都在期待着好莱坞式的结果——丹·詹森手捧奥运会金牌纪念他的妹妹，在场的人无不感动得潸然泪下。就在这时，他又摔倒了，摔在800米左右的地方，再次摔走了即将到手的奖牌。

时间来到1992年冬季奥运会。丹·詹森再度成为夺冠热门人选，也再度与奖牌失之交臂（500米的第4名和1000米的第26名）。丹·詹森似乎要成为历史了，成为历史中那个最伟大却从未获得过奥运奖牌的滑冰运动员。

丹·詹森开始与心态教练吉姆·洛尔（Jim Loehr）合作。他们创造了两句魔咒："35.99"和"我爱1000"。丹·詹森每天都在日记中写这两句话，也下定决心要在500米比赛中突破36秒。对于当时的速度滑冰项目来说，36秒就相当于罗杰·班尼斯特（Roger Bannister）的4分钟跑完1英里[①]：从未有人做到过，而且人人都认为这是不可能实现的速度。

---

[①] 罗杰·班尼斯特是牛津大学的医学博士、神经学家，也是一名业余的田径运动员。他是世界上第一个突破4分钟跑完1英里大关的人。当时医学家、生物学家、运动员三大领域的权威，都证实这已超出人类的极限，直到班尼斯特突破极限，向世人证明"4分钟之内跑完1英里"是可能的。

在 1994 年利勒哈默尔冬季奥运会比赛之前，丹·詹森比以往任何时候滑得都快。写日记得到了回报。他赛前 4 次突破 36 秒大关，并以 35.76 秒的世界纪录赢得了另一个世界冠军。在奥运会的 500 米比赛中，没有任何人比他更热门。这一次，他必须获胜。

然而并没有！

他在弯道处失误了，最终在 500 米的比赛中排第 8 位。每个人都为他感到难过，因为谁都知道他就是最快的速滑选手。他打破了所有纪录，却没有一块奥运奖牌。他怯场了。

深感绝望的丹·詹森找到了吉姆·洛尔。在最后一场奥运比赛开赛前——还剩 4 天的时候，他们决定共同去探寻发自内心的感恩。

最后一场比赛，丹·詹森想向全世界展示速度滑冰对他来说是多么意义重大的一份礼物，身为这项运动的参与者，他是多么喜悦，同时他也想表达内心深深的感恩之情，向所有在这项运动为他做出过牺牲，所有给他提供机会，让他得以从事这项他深爱的运动的人，致以崇高的敬意，表达衷心的感谢。

他并没有打算在这场比赛中冲击任何世界纪录。他希望展现的是洋溢在脸上的喜悦，他希望人们看到的是他对这项运动的热爱，感受到他对这次机会的感恩。

这次，丹·詹森不但赢得了奥运金牌，还打破了一项奥运会纪录。他带着充满感恩的微笑，终于走上了领奖台的最高一层台阶。

丹·詹森缩小了落差。他将自己从对结果的期待和近来的失望感中解脱出来,专注在他从滑冰中得到的收获之上。怀着满满的收获,加上技巧和训练,他终于将落差缩减到最小,当他走向起跑线时,他也走向了胜利!

丹·詹森的故事告诉我们,缩小落差最好的方法就是充分理解我们的过去、现在和未来。为了缩小落差(gap),我们需要"GAP"——感恩(gratitude)、接纳(acceptance)和目标(purpose)。

## 感恩

人们很容易将感恩诠释成感性、美好但又毫无建树的心灵鸡汤。然而,近来一些非常先锋的科学却表明,感恩其实可以改变我们的生理结构。

在《压力特氟龙》中,我们希望帮助人们减轻压力。压力其实非常棒——它能给你提供能量,帮助你完成任务。但当你沉浸在压力中的时候,问题就会产生。压力会让你具有防御性,甚至能让你变得愚蠢。战斗或逃跑的压力反应关注的都是你是否安全,并不是你的行为是否聪明。所以,你处在紧绷或压力状态中太久,大脑当中聪明的那部分就无法主持大局——它甚至会完全丢失发言权。这时候,压力就会成为你的常客。

时不时地引燃内心的火可能是好事儿,但是如果压力持续太久,你的新大脑就会下线,这会让你感到筋疲力尽。

感恩就像消防水管,足以浇熄压力的火苗。感恩能启动"平静与解除警报"的副交感神经系统,这会降低你的压力水平，让你摆脱战斗或逃跑的模式。感恩也能重新激活新大脑。当感恩发自内心的时候，你会感觉非常好，久而久之你内心的海鞘就会开始自行寻找更多值得感恩的事情。

加州大学洛杉矶分校的神经科学家亚历克斯·科布（Alex Korb）博士将感恩描述为"良性循环"，越多地保持感恩，就会越容易做到感恩，随之就会带来更多的感恩。感恩并不是一种有限的资源。

不过，仅仅通过解除威胁并不足以带来感恩。你需要群体提供的安全感以及诚实的自我觉察，这样才能获得真正的感恩，这不是可以投机取巧的事情。一旦你拥有了安全感、自我觉察以及感恩，它们就会互相促进，形成一个上升的螺旋。

感恩对健康的好处是不可估量的。杜克大学医学中心生物心理学部的主任穆拉利·多雷斯瓦米（P. Murali Doraiswamy）博士在 ABC 新闻中解释道："如果它（感恩）是一种药物，它将是世界上最畅销的产品，因为它对每个主要器官系统都具有保健作用。"

感恩，会通过减少压力的方式让身体保持健康状态，也有助于你进入修复模式。当你的身体持续处在压力和高唤醒状态时，身体中唯一启动的系统就是保证安全的系统。在战斗或逃跑模式下，生理系统优先考虑的是眼前的难题，它关心的是逃跑或者反击，长期健康对它而言根本不值一提。

假设你的心脏瓣膜一直不太健康，需要时间修复。在压力模式之下，维护健康就不会是优先选项，所以心脏瓣膜永远不会有足够的时间完成修复。相信你也不会在飓风即将来临的时候修复栅栏吧。

然而，在当今世界里，我们似乎永远都活在飓风防范中，栅栏永远不会被修复，心脏瓣膜也无暇被治疗。想要进入修复模式以提升健康，我们就需要扭转乾坤般的转变，而感恩就是帮助我们转变的方式。

研究表明，心怀感恩的人更有活力，也更少感到抑郁、焦虑、孤独。感恩会让我们拥有更高的情商，更宽容，也更具创造力。我们的大脑资源有限，如果把它全部用在应付压力、怨恨和担忧之上，那么无异于在不停地喂养"压力怪兽"。

站在感恩的视角看待世界会让我们的内心平静下来，也能够连接我们的两个大脑，帮助我们缩小落差。因为当感恩的时候我们的关注点就落在了已经拥有的事物之上，而不再执着于还没有获得的事物。

## 接纳

心理学家卡尔·罗杰斯（Carl Rogers）说过："有个有趣的悖论——当我接纳自己就是现在这样的时候，我就可以改变了。"

接纳，意味着承认我们所经受过的艰难挑战，与所发生的一切和平相处，同时确保我们能够运用过去的经验来学习和成长。

不愉快的记忆和挣扎不可能让我们感觉舒适，正因如此，我们总想要回避，总想要转移注意力，也总想要尽快忘记。而躲避这些痛苦的记忆，会让我们无法吸取教训。这注定会导致我们重演历史，所以我们哪怕看似金玉其外，也难逃败絮其中。我相信宇宙会不断送来相似的课题，直到我们开始学会吸取教训。正如温斯顿·丘吉尔（Winston Churchill）的那句名言："不学习历史的人注定要重复错误。"

为了理解接纳，也理解它在习惯的改变中占据的重要位置，也许我们应该聊聊什么不是接纳。

接纳并不是否认、妄想或者合理化。想要接纳某件事情，你并不需要喜欢它，甚至不需要因为它的发生感到开心。接纳也不是顺从地认命，觉得状况就一直这样下去了。接纳某事，不是让你认为一切无法改变，也绝对不是通过编造故事欺骗自己，只为了让自己感觉好一点。

作家兼领导力专家安妮·麦库宾（Annie McCubbin）曾警告世人，尤其是那些顺从的人，那些因为盲目顺从连危险都照单全收的人，她说："如果你唯命是从，或者恐惧冲突，那么感恩或者接纳的想法就提供了一个继续被动服从的合理化借口。"这样的感恩并不会帮助你缩减落差。安娜认为，如果接纳给了我们某种通关文牒，让我们对冲突听之任之甚至对各种毫无益处的行为（我们的或者他人的行为）照单全收，那么这就不是我们想要的接纳。

接纳，是理解你当前所处的位置。就像在人生这张地图上放置一粒图钉，让你看清自己身处何方，也看清楚自己是如何走到这里的。但是，这并不是说你要执着于指责、羞愧或者内疚于过往的决定与境遇，而是真切地看到你当前所在的位置是过去发生的一切带来的结果，从而真正地拥有当下。

对于速滑运动员丹·詹森来说，在一系列的厄运和绝望境遇下，沉浸在自我怜悯的泥沼中再容易不过。妹妹离去，冲击奖牌失败，被定义为怯场的人，每一条都很容易让一个人进入自我怜悯的默认模式。如果你曾像奥运选手一样努力却在重要的比赛中失利，你就会明白这种失败是很难接受的。

幸运的是，心态教练吉姆·洛尔给丹·詹森提供了不一样的选择。吉姆·洛尔与丹·詹森一起努力了很多年，当丹·詹森迎来最后一场比赛的时候，他非常理解丹·詹森因为多次失败而面临的痛苦和失望，但他绝不可能允许丹·詹森把这些都藏起来，假装一切没有发生过。

接纳，是理解是什么把你带到了现在的地方。这意味着你要开始好奇于摆在面前的选择。当丹·詹森站在最后一场比赛的起跑线上时，他其实有选择。他可以允许过往失望的记忆充斥他的大脑；他可以选择接受过去，在毫无包袱的情况下完成最后一场比赛。他选择了第二个选项，因而缩小了落差。

1968年5月6日，尼尔·阿姆斯特朗（Neil Armstrong）在休斯敦郊外的美国宇航局总部驾驶一架月球登陆器训练机。这架飞机出了名的难以控制。尽管阿姆斯特朗曾多次驾驶它，但在这个特殊的日子里，推进器出现了故障，他不得不在登月舱坠入地面发生激烈爆炸之前将它弹出。

事故几小时后，另一位宇航员艾伦·宾（Alan Bean）出现在阿姆斯特朗的办公室向他问好。阿姆斯特朗还穿着航天服，正在做一些书面工作。两位宇航员寒暄了一阵，闲聊了一会儿。

阿姆斯特朗并没有提到刚刚与死神擦肩而过的事故。

宾离开之后刚走到大厅没多会儿,就碰到了另外一位同事,同事告诉了他月球登陆器的坠毁事故。震惊之余,宾快速冲回了阿姆斯特朗的办公室想要确认他平安无事,并询问了一些关于坠机的情况。阿姆斯特朗点点头说道:"是啊,我失去控制了,不得不从那该死的东西里赶紧出来。"他看起来毫无压力、毫不担忧,没有一丝一毫的大惊小怪。这就是纯粹的接纳。他离死神只有一步之遥,而他应对的方式是从中吸取教训,了解下次要如何进步,然后继续前进。

美国前总统西奥多·罗斯福(Theodore Roosevelt)有一个受斯多葛主义启发的建议,我认为可以很好地帮助我们提升接纳度,同时缩小落差,这个建议就是:"无论处在什么样的环境中,最大限度地物尽其用,然后全力以赴。"

不论是丹·詹森还是阿姆斯特朗,他们其实都对过去已经发生的一切无能为力,好在两人都学会了接受逆境,从中吸取教训,继续前进。是的,对于你来说也一样,你不一定要赢得速滑金牌或登陆月球,但如果你掌握了接纳这个技巧,就能够缩小"现在的我"和"理想的我"之间的落差。

## 目标

我有一个值得你思考的问题:总有一天你会死去,那意义是什么呢?

这很有启发性,不是吗?

如果感恩主要是关于过去的，接纳可以将你带回当下，那么目标就是指向未来的。如果你看向足够遥远的未来，你会看到终有一天你会离开这个世界。而你的目标其实就是找到有益的方式来填满现在到你离开人世的那天。

一谈到目标很容易就进入励志模式，就像《美国达人》（America's Got Talent）的参赛者一样，他们总是说着"我一直有一个梦想"——我要成为史上最伟大的、会骑独轮车的杂耍兼约德尔歌手，或是致力于成为最权威的老式割草机收藏家的视频博主。

如果有什么对你来说超级重要，你一直都怀抱着这个"梦想"，祝你好运——深耕它吧，无论是玩杂耍还是开老式割草机。你如果充满热情，有持续一生的梦想是很棒的，但是这其实并不是必不可少的。如果你的梦想太大，到实现的那一天你可能已经垂垂老矣，那时你其实跟毫无梦想、完全不在乎老式割草机的普罗大众也没有任何差异了。

所以，意义是什么呢？其实答案很简单，也许本来就没有任何意义。在一个有46亿年历史的世界和一个横跨930亿光年且不断增长的宇宙中，充满信仰的人认为宇宙自会安排他的使命。但其实你不过是凡尘中的一粒浮尘，在这转瞬即逝的时间里，飘荡在宇宙中的一粒沙之上。没有任何意义。

想到这儿，我们会很容易被存在主义式的忧虑束缚，想要在失败中举旗投降（这是个奇怪的习惯）。同样容易的还有成为虚无主义者，目空一切，不屑一顾。或者，你也可以成为追求丧文化的孩子，用故意染黑的头发挡住半张脸，整日伴着俏妞

第 9 章　活在落差中

的死亡出租车乐队（Death Cab for Cutie）[1]的音乐等着妈妈在下午2点钟把早餐送到你住的地下室。

然而，虚无主义和目空一切并不是生活的正确打开方式。我们需要一个目标，但是我们要如何找到它呢？

寻找目标其实有点像开夜车，你的近光灯可能只能照亮前方30米的距离，但是它可以引领你走很远的路。想要找到目标，你并不需要拥有一个改变人生的梦想。你只需要问自己一个问题，就足以知道你是否对人生有目标感：这个世界是否因为你的存在而更加美好了？

如果你的答案是否定的，那你再好好想想。如果答案还是否定的，那你就去做些积极的事情，去做点贡献。比如帮助他人、建造东西、写作、修剪草坪、边骑独轮车边唱歌……不管是什么，只要去做就好，有目的地去做。因为行动会给你带来答案。

喜剧演员蒂姆·明钦（Tim Minchin）热衷于追求短期目标：解决问题、修复事物或帮助别人。你只需要建立小小的野心，去设定一个与你的本体目标相一致的目标，然后全力以赴地去做。沉下心来，看看你的热情奉献会把你带向何方。

《坚毅》的作者、心理学家安杰拉·达克沃斯解释说，"究其根本，目标意味着我们所做的事情要对除了我们自己之外的人很重要"。我认为她和这位红头发的、弹钢琴的喜剧演员蒂

---

[1] 美国独立摇滚乐团。其多数歌曲歌颂爱与死亡，歌颂平凡与力量，记录生活中微妙又厚重的变迁。

姆·明钦的想法是一致的。

不断寻找目标是个奇怪的习惯。但是，当你开始帮助他人、开始为这个世界做贡献的那一刻，你的目标就会来到你身旁。

我们在前文谈到了本体目标，也看清楚了最佳版本的自己具备哪些特征。我希望到了90岁还能保持的是好奇、有创造力、慷慨。在这个过程中，我的计划就是对车灯所照亮的那一小方空间保持着热情奉献。

其实，你的目标是可以改变的。你并不会和任何一个目标完全锁定在一起，但是如果你选择了一个目标，恰好你的车灯也照亮了它，那就全力以赴地去拼搏吧。

将本体目标和当前目标结合起来，可以确保你的自我价值永远不会与成功或失败相捆绑。如果你没有以最佳版本示人，或者你的某次冒险没有按计划行事，那都是没有关系的。吸取教训，既往不咎，一路向前。我唯一想给你的忠告就是，全力以赴。我们不要不屑一顾；我们需要目标，也需要真心的关爱。

生活在落差里是一个奇怪的习惯，它只会助长你内在的比较心和匮乏感。你如果能够从过去的成果出发，心怀感恩、接纳和目标，就一定会缩减当前的你和更好的你之间的落差。

## ❓ 好奇起来吧

- 你对什么比较感恩?

- 列举你生活中三件因为更多的接纳而受益的事情。

- 你的存在从哪些方面让这个世界更美好了?

# 第10章
# 比较

*

比较是偷走快乐的贼。

——西奥多·罗斯福
（Theodore Roosevelt）

你的个子高吗？大多数人都能不费吹灰之力地回答这个问题。我的身高是 6 英尺 3 英寸（约 191 厘米），所以按照大多数人的标准，我是很高的。不过，如果我在 NBA 打球，那我就会被认为是个小个子。史蒂夫·科尔（Steve Kerr），是 20 世纪 90 年代为芝加哥公牛队效力过的金发控球后卫，他和我一样高，但他在场上时看起来像个孩子一样。

拿自己和他人做比较是人类 DNA 里固化的习惯。我们是等级意识鲜明的物种——过去是，将来也会是。我们遇到陌生人，有一个瞬间我们会在内心进行评估和比较，即便我们并不是有意要这样做的。我们始终在评估着人们身体、社交和智力上的差异。虽然在某些情况之下，比较可能会成为一种奇怪的习惯，但是它对自我价值感的影响值得我们对它产生好奇心。

社会比较理论（social comparison theory）是由利昂·费斯廷格（Leon Festinger）在 1954 年提出的。它表明，我们之所以会比较是因为内在具有固化的生物驱动力。许多物种都被观测到具有"衡量竞争对手"的倾向。

第 10 章 比较

我的朋友比尔·冯·希佩尔（Bill von Hippel）博士是昆士兰大学的进化心理学教授。他说，我们（以及众多其他物种）都在寻找衡量质量的客观标准。一只羽毛华丽的雄性孔雀会比羽毛稀疏的雄性孔雀更加能吸引异性。华丽的羽毛会让猎食者更容易看到它，所以如果一只发情的大孔雀雄赳赳气昂昂地甩动着华丽羽毛四处走动，还能够轻松地摆脱捕猎者的话，就足以说明它是一只高质量孔雀，也自然值得与之共筑巢穴。

在当前世界中，修图软件和身体填充手术横行。社会比较之所以会出现问题，就在于我们很难寻找到客观的衡量标准。此外，我们通常也不会去仔细思考质量标准究竟是什么。一个拥有六块腹肌、肱二头肌发达、开着红色法拉利（法拉利就相当于人的"孔雀尾巴"）的人，也许是全世界最好的人，但也许是自命不凡的混蛋——拿跑车来作为自己男性气概的表现物。你要怎么去判断呢？

旧大脑会在第一时间总结我们对他人的直观印象。问题是，旧大脑并不关心细微差别、灰色地带，或者我们自身的价值排序。它就是快速地做决定，决定之后新大脑就会跟进，开始寻找证明其正确性的证据。这就是为什么第一印象不但重要，还很难改变。

新大脑的默认模式其实是验证第一印象，并不是去质疑第一印象。我们总会把逻辑头脑想象成一个法官，它权衡所有选项和事实后做出决定。其实现实情况是，它更像老板的新闻秘书：它会扭曲事实，只为了让老板看起来不错，并确认第一印象的正确性。

我们往往会一边比较一边绝望，而比较和绝望的本质让每个人都在根据自己不喜欢、从未选择并且不想要的默认标准来评判自己。在过去的岁月里（好吧，我是老古董），每个人都能在自己的"部落"里找到比自己更富裕的人，比如他们开更好的车，看起来简直就是人生赢家。你可以亲眼看到那些在人生阶梯上高过你的人，这给了你一些值得向往的东西。这个系统其实很好。

然而，社交媒体的出现、网络红人的文化以及不切实际的期望，让本就充满比较和绝望的社会像打了激素一样汹涌。我们不像从前那样只能看到社会阶梯上源的一两个人，我们现在随时随地都能看到一个完整的具有社会重要性的系统。

社交比较的困境来自我们只能向上仰视，而做不到向下俯瞰。我们生活在落差中，非常清楚自己没有的，也会把已经取得的成果视为理所当然。如果你不断地看到那些比你更瘦、更年轻、更富有的人，满眼充斥着身材更丰满、肱二头肌更强壮、社交生活更丰富的人，那么你会很难保持感恩、接纳和目标，也就无法停止比较和绝望。

将你 100% 的人生，包括脚趾真菌、需要清理的排水沟和每次坐下都会扎到你的内生毛发等，与社交平台上经过修图、编辑和策划的 1% 的人生版本相比较，绝对会是一场灾难。这就像试图比较菜单上的汉堡和送到你桌子上的汉堡一样，无论后者的味道有多好，你都感觉被骗了。

社交媒体让我们相信每个人都在享受着完美的时光，而我们的生活则看似一个吃起来味同嚼蜡的平淡汉堡。难怪我们会感到绝望啊。

# 用食物缓解压力

没有人会在疲惫又充满压力的一天之后，兴奋地回到家，说："我要吃定量的芹菜条和脱脂鹰嘴豆泥。"生活不是这样的。经历了压力巨大的一天，你的身体和大脑都会不舒服。你只想要现在就快乐起来！

美国心理学会（American Psychological Association）曾研究人们应对压力最常使用的若干策略。他们发现，能激发大脑奖励系统（多巴胺）的活动，如吃、喝、购物、看电视、上网和玩电子游戏，均位居榜单前列。

当你不舒服的时候，你内心的海鞘就会找到让你感觉好起来的东西。酒精、巧克力、双层奶酪玉米片都是很快可以提供即时满足的选择。但从长远角度来看，多巴胺棒棒糖并不能真正帮助解决压力带来的潜在化学问题。

精神病学家比尔·菲利普斯（Bill Phillips），将食物描述为世界上最被滥用且最无效的焦虑症药物。吃糖就像在焦虑的火上泼汽油，但我们还是会这样做，因为我们的旧大脑总是会叫嚣着要吃点现在就能让自己感觉好起来的东西。

我们之前聊过压力激素皮质醇。它和肾上腺素这些化学物质都可以让你准备好与剑齿虎搏斗。因为你需要能量去战斗或者逃跑，所以皮质醇会向肝脏发出信号，释放存储的葡萄糖，将葡萄糖输送进血液，给肌肉提供战斗或逃跑所需的能量。很棒的系统，不是吗？

在史前也许是，但是现在没有剑齿虎了，而且大多数工作场所也不需要我们战斗或逃跑，所以系统中这些额外的糖会导致什么？多余的糖会给胰腺发出信号，让它释放储存脂肪的胰岛素。肝脏无法检测到糖，但是它会对胰岛素做出反应，将糖从血液中移除，然后转化为脂肪，储藏在附近，最后糖成为腹部脂肪（即器官周围的内脏脂肪）。这是一种有害的脂肪，对健康有很多负面影响。这也是长期感受到高压的压力人群有更多内脏脂肪的一个重要原因。

在高糖系统中加入安抚情绪的食物等于增加脂肪。用食物缓解压力的奇怪习惯正在创造一个"压力—糖—胰岛素—脂肪"循环（见图10-1），它助长了过度肥胖的流行，也使得像索菲亚这样的人超重。

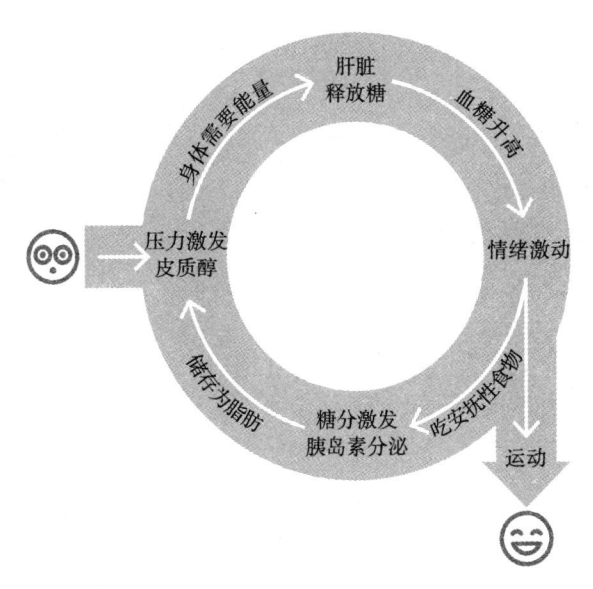

图10-1 "压力—糖—胰岛素—脂肪"循环

为了充分理解身体对压力的反应，我们需要知道人类的压力反应是为了适应不同的环境。进化需要漫长的时间，我们的压力反应还没有赶上我们的现代生活的节奏。它的构造其实是一个短期反应，还没优化到可以帮助索菲亚这样的人适应生活，并应对一个暴躁的老板。

我们需要能量来对抗"剑齿虎"，所以在压力大的时刻，身体对糖含量的下降非常敏感。研究表明，当我们的糖含量下降时，意志力——坚持去做困难且正确的事情的能力——就会降低。糖分下降后我们内心的压力野兽就会复苏，它不断催促我们回到冰箱旁拿食物，试图安抚内心的海鞘，让自己感觉好起来。

所以，我们要如何迈出这个循环？要如何摆脱糖和压力水平的过山车呢？

我们需要一个有意识习惯循环。我们需要将通过食物（或饮酒）来应对压力的习惯换掉，选择一个能帮助我们真正实现目标的习惯。

在第3章中我曾经说过，我一直在与可乐和巧克力饼干搏斗。我想要实现的目标是平静、不那么激动。我的默认习惯是吃饼干、喝可乐，而我创造的全新有意识习惯循环是两分钟的腹式呼吸。腹式呼吸被我称为"吃空气汉堡"（见图10–2），这个习惯不但能够使我平静下来，也不会让我摄入过多的卡路里，或带我坐上糖分过山车。

关键点就在于不要选择进食（尤其是糖分高的食物），直到我们感觉平静下来，或在战斗与逃跑的反应消退之前不要吃东西。运动也是一个疏解压力的很好方法，而且它还具备额外的

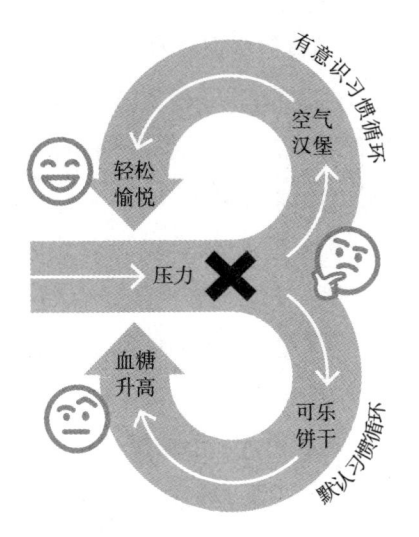

图 10-2　将可乐、饼干换成空气汉堡

好处，即能够燃烧糖分来加速这一过程。

压力其实是好的，它可以帮助我们获得成就，也可以在我们面临威胁的时候帮助我们保全自身。只要我们学会如何平缓战斗或逃跑的反应，或者做些运动，我们的血糖以及胰岛素含量就会恢复正常。

如果你想减轻一些体重或者改善思维习惯，你可以这样想：运动对于心理健康而言就像蝙蝠侠一样重要，而对于减肥来说，则扮演着蝙蝠侠不可或缺的助手罗宾那样的角色。

## 苹果只能与苹果做比较

有一个网站，房地产经纪人在上面可以查看他们在目标社区的销售排行。该网站按照销售量对房地产经纪人进行排名，并能够显示他们的销售量在市场中所占的比例。

这种类型的数据可以起到激励作用——你如果是一个新晋房地产经纪人，看到自己的排名上升了一两个名次，确实很振奋人心。但是，如果你最近进展不顺，有可能比较和绝望的心理就会偷偷潜入，悄悄打开冒充者综合征的大门。这会让你的信心急剧下降——这并不是房地产销售领域的理想状态。

我的朋友康纳只有20多岁，他和兄弟接管家族企业之后，引入了技术优势，也在营销过程中加入了更多的趣味性。这一系列操作让他一举获胜。我跟他们兄弟俩聊天的时候，康纳告诉了我他们在网站的最新排名。他说他们已经上升到附近社区的第8位，也向我表达了他的自豪之情。"我以为你们排名会更高。"我说。我之所以会这么认为，是因为我有留意他们在过去几个月里的销售数量。

这时他的兄弟泰格也加入了对话，他指出其他房产经纪人已经积累了很长时间，他们得循序渐进，一步一个脚印地往前走。然后，他说了一句格外意味深长的话："你不能把你讲到的第3章的故事和别人已经延续到第10章的故事做比较。"

不得不承认，对于一个年轻人来说，他的话是如此富有智慧。这也展示了了解自己在旅程中的位置是多么重要。比较是一个奇怪的习惯，它需要恰当的环境才能起到帮助作用。对于成长来说，拥有一个让你心驰神往的目标是至关重要的。当然，当你意识到自己开始拿苹果和橘子做比较的时候，这就值得好奇了。

## 因为失去强连接，所以在比较后绝望

记者约翰·哈里（Johann Hari）在他的《走出焦虑》（*Lost Connections*）一书中，对抑郁症和焦虑症进行了深入的研究。他研究了为什么我们明明身处的世界越来越安全，也比历史上任何时刻都能更好地连接彼此，我们却越来越悲伤。

哈里的一生中大部分时间都在与抑郁症和焦虑症做斗争，他花了近20年的时间服用药物，试图解决心理健康问题。为了更好地理解抑郁和焦虑，他游历四方，向全世界的专家请教。

正如这本书的书名，他发现了一个共同点：失去连接（书名英文直译为"失去连接"）。他探索了我们与自然的连接、与目标的连接，以及最重要的——与他人的连接。这让他突获启示："有没有可能，抑郁不过是一种悲伤——悲伤于我们的人生没有成为它本该成为的样子呢？"

如果我们与他人比较时感到绝望，不过是因为我们失去了那份真正需要的、人和人之间的连接呢？

哈里指出，社交媒体平台有它们的优势。它们能够创造连接，这是很重要的。但是问题在于，它们无法带来那种深深扎根于"部落"的强烈个人连接感。他解释说，虚拟的线上连接和人与人的真实连接之间的区别，"有点像看性爱视频和真正的性爱之间的区别"，前者解决了基本需求，但是它永远无法让人满足。

哈里将抑郁和焦虑描述为，身处与自身生物性不一致的环境时所产生的正常反应。将自己和他人进行比较是正常的，不正常的是不平衡的比较，因为我们不是拿苹果和苹果做比较。当我们满心羡慕他人精心修饰与策划的短视频时，我们就是在助长比较和绝望这种奇怪的习惯。

在2015年的一个研究中，密歇根大学的伊桑·克罗斯博士发现："人们被动地浏览Facebook的时间越长，窥视他人生活的时间越久，他们体验到的嫉妒就越多，随后的感觉也就会越糟。"

当你收到的赞、分享和转发的数量变成你用来衡量自我价值的标准时，你就必须做出改变了。其实，你能想到的每一种类型的比较，都有一个与之相对应的社交媒体平台。

- Facebook（脸书）：你的生活有多么充实、精彩。
- Instagram（照片墙）：你有多美丽，你的生活有多美好。
- Twitter（推特）：你有多聪明，多睿智。
- Snapchat（色拉布）：你用表情包能分散多少朋友的注意力？
- LinkedIn（领英）：你有多成功，有多重要。
- Pinterest（拼趣）：你的坐垫有多好看？

一开始并不是这样的。2002年的时候，迈克·克里格（Mike Krieger）还是斯坦福大学的一名学生，他加入了福格的劝说技术实验室的课程（别忘了，福格是将阳光引入习惯循环中的人）。在课程中，他们学习了斯金纳、习惯循环、基于奖励的学习和行为改变等内容。

在一项作业中，迈克与一个叫特里斯坦·哈里斯（Tristan

Harris）的小伙子一组。这小伙子是个很可爱的电脑迷，喜欢编码和魔术。他们的作业是建立一个可以影响人们行为的应用程序。特里斯坦那时对一种叫作"季节性情绪失调"（seasonal affective disorder，缩写为 SAD）的心理现象非常好奇。于是，迈克和特里斯坦决定制作一个应用程序来帮助患有 SAD 的人。

如果你曾经生活在寒冷的地区，相信你会对 SAD 有一些了解。冬天昼短夜长的现象对人们的情绪会产生非常真实的影响。

我在英国生活了很多年，我可以证明在冬季黑暗又阴沉的日子里，SAD 的确会给人带来各种痛苦的体验。英国人也许是出了名的僵化、沉闷又呆板。但这不是我看到的，我遇到的很多英国人都非常机智幽默。不过到了 2 月，即便是最乐观的人也开始变得更像撒切尔夫人（Margaret Thatcher），而失去了迈克尔·麦金泰尔（Michael McIntyre）式的幽默[1]。他们被暂时性的痛苦折磨着。只有当万物复苏、绿色染上枝头、白昼逐日增长的时候，人们（也包括我）脸上才能重新挂上微笑。就像在春意盎然的日子，我漫步回到卢克岛享受艳阳高照，欣赏独角兽吹出的夺目彩虹一般。

迈克和特里斯坦设计这个应用程序的理念是：连接世界两端的人，传递阳光。最后，他们将该应用程序命名为"传递阳光"。"传递阳光"能追踪两个人所在地的实时天气预报，当其中一个人连续好几天经历糟糕透顶的天气时，它会提示另一个人传递些阳光。这是多么可爱的想法。它让你知道，有人正在

---

[1] 迈克尔·麦金泰尔，英国喜剧演员、编剧和主持人。

关心着你，有人愿意帮助你舒缓因为季节性抑郁症而引发的糟糕情绪。

在建立"传递阳光"几年后，迈克开始与课程中的另一名学生凯文·西斯特罗姆（Kevin Systrom）合作，着手研究人们在网上分享照片后获得的快乐。那时候，Facebook 正在爆发式发展，迈克和凯文不但非常清楚即时奖励、点赞和漂亮小爱心的力量，也知道人们喜欢多巴胺迸发的感觉，喜欢感受到自己是"部落"的一分子。2010 年，他们利用这些知识搭建了一个应用程序。

这个应用程序就是 Instagram。仅仅两年时间，他们就将它以 10 亿美元的价格卖给了 Facebook。这在当时可是个大数字，但两年后，Facebook 为 WhatsApp 支付的 190 亿美元，很快就让这个数字相形见绌了。社交媒体是个巨大的市场。点赞、分享、关注和转发已经成了整整一代人的多巴胺奖励中心。

社交媒体的火星在普罗大众中燎起了熊熊烈火。社交媒体可以连接彼此，而这是我们极度渴望又真切需要的。

## 人们喜欢感受自己是"部落"的一分子

《压力特氟龙》中有一个基础概念，那就是"部落"的安全。作为人类，我们不但需要我们爱的人，也需要爱我们的人。

对史前人类来说，孤独就是死亡判决。人类能够生存这么久的主要原因是有能力协作。我们内在有一整套化学物质，旨在激励我们内心的海鞘与他人联系。血清素、多巴胺和催产素使人感到自己是"部落"的一部分，感到被爱。而当我们独自一人时，肾上腺素和皮质醇等压力激素就会释放出来，试图激发我们去寻找朋友。

想象一下，如果你忙碌了一整天，压力满满地回到了家。你整个人都沁在皮质醇里，它充满着你的身体，让你感觉浑身刺痒又不舒服。压力激素是倾向于行动的，你的大脑开始四处搜寻能让你感觉好起来的行动。这时你突然想到，上一次在 Facebook 上发布了一张照片，很多人给你点赞，那种感觉简直棒极了，于是你对自己说："再来一次吧。"你找了一张照片开始修图，叠了一层又一层的滤镜，然后发布到了网络世界。

你仍旧讨厌你的工作，旁边还有一只虎视眈眈的小猫伺机抢夺你的晚餐金枪鱼罐头。但幸运的是，你去年度假的这张照片大受欢迎，你所有的朋友都在疯狂点赞。网络带来的认可激发了多巴胺的分泌，让你感觉好了起来，而实际上你其实并没有做任何事情来改变环境。

社交媒体能够帮助人们感觉自己是"部落"的一分子。如果在 Instagram 上，人们不会有"如果一棵树在森林中倒下，没人有在场，那这棵树倒下时是否还有声音？"这样的疑问。恰好相反，它为人们提供了一个媒介，让人们彼此表达关心，保持沟通。这理应是个好的系统，不是吗？

然而就像很多奇怪的习惯一样，使用社交媒体对我们很有帮助，直到它不再奏效。当社交媒体从彼此连接的工具变成寻求认可的需要时，沉迷于社交媒体就成了奇怪的习惯。社交媒体缩小了给我们带来快乐事物的范围,而且尽管它有着不良后果,我们却仍会继续使用。

有些人并不愿意回到当下,却痴迷于捕捉当下,然后立即添加滤镜、编辑,在网络上分享这些时刻。单纯地置身于当下,岂不更好?

社交媒体并不是唯一导致我们产生比较和绝望心理的东西,但是它已经侵入了我们旧大脑的脑回路,成功创造了一个奇怪的习惯。它很好,直到不再有帮助。

## 好奇起来吧

- 对于社交媒体,你的默认习惯循环是什么样的?

- 使用社交媒体对你来说是为了保持连接还是寻求认可?

- 如何更有意识地使用社交媒体?

# 第 11 章
# 被社交媒体掠夺注意力

*

大量的时间浪费都起始于一次小小的注意力分散。

——佚名

大脑的设计使我们更关注不同寻常的事物。

几千年前,能否注意到灌木丛在晃动可以决定我们是成为别人的盘中餐,还是觅得今日份的食物。出乎意料的事物带来的奖励可以让我们获得更大量的多巴胺,我们的大脑之后便会开始更频繁地搜寻这些奖励。想想看,当你在去年冬天穿过的外套里找到50元的时候,那感觉有多棒。

那么,为什么注意力分散会成为一个奇怪的习惯呢?

我的太太说我就像一只松鼠一样,总是不停地说:"快看,什么东西亮晶晶的!"我想,她这样说可能有她的道理。最近,保持专注于一件事情对我来说变得越来越难,我猜可能不只我是这样的。科技让"亮晶晶"的东西无处不在,尤其是在我们的手机上。短信的嗡嗡声、电子邮件的叮叮响、Facebook上弹出的点赞小爱心,都是索取我们注意力的"亮晶晶"。

如果你听到手机响了,有人在某张发布的照片那儿@了你。之后会发生什么?首先,你的大脑奖励系统开始分泌多巴胺。这感觉好极了。好奇心驱使你打开了Facebook。你可能看到了一张多年未见的久违照片（怀旧的快乐），或者一张你朋友乔安娜发布的牛油果吐司照片（你知道她喜欢碎牛油果）。

谁知道这小小的手机提示音会给你带来怎样的惊喜？好的事情有可能会出现，这就像一个小小的多巴胺棒棒糖，谁能不喜欢棒棒糖。你内心的海鞘总是希望减少来自未知的不适感，增加好事发生的概率。这种天性可能会让你总是在想："我的手机在哪儿？"

如果这样的事情发生 10 次、20 次、50 次，甚至 100 次，可能就不像第一次那么让人兴奋了。这就是大脑对于愉快经历会产生的变化。

曾经给你带来愉悦的事物一旦经常重复，就会失去吸引力。心理学家称之为"享乐适应"（hedonic adaptation）。这意味着即使是你真心喜欢的事物，当它不断重复的时候，它的吸引力也会逐渐减少，它所提供的多巴胺棒棒糖也会相应变小。你可能很喜欢龙虾，但是如果一天三顿吃龙虾，相信你很快就会失去兴趣。

科技那鬼鬼祟祟的精神控制就是这样发挥作用的。不可预测的奖励让你内心的海鞘不断猜测，所以你的大脑无法适应这种快乐。社交媒体将各种奖励混在一起，就像在你的好奇心面前挂上胡萝卜一样，让你时刻保持兴趣。它利用好奇心激发你的不适感，而后吸引你更仔细地去关注，进而分散你对于更重要事情的注意力。

就像在第 2 章中所说，我每天早上都会花一小时的时间边骑健身自行车边阅读电子书。这是我学习效果最好的时段。时间越早越好，因为学习需要专注力，需要减少注意力的分散。

几个星期之前，有一次健身的过程中，我读着书，耳机里放着音乐，同时跟若干好友发着有关冲浪信息的短信。中途我还查看了三次电子邮件，又订购了几张刚刚开售的音乐会票。这一切都发生在我本该锻炼和学习的时间段中。当时我恰好在阅读的书是尼尔·埃亚尔（Nir Eyal）的《不可打扰》（*Indistractable*：*How to Control Your Attention and Choose Your Life*）。多么讽刺！

## 我们的注意力是如何被分散的

作为行为心理学家，尼尔·埃亚尔对注意力分散有着有趣的看法。他是师从福格的天才，他的两本书（与人合著）分别从截然不同的角度来看待注意力分散的问题。他的第一本书《上瘾：让用户养成使用习惯的四大产品逻辑》（*Hooked*：*How to Build Habit-Forming Products*）是一种指南，主要教导人们如何打造让人上瘾的产品。具有讽刺意味的是，他的第二本书《不可打扰》却是关于如何抵制这些产品的，他试图通过这本书教会人们如何在这个充满闪亮诱惑的世界里正常运作。

尼尔·埃亚尔表明，大型科技企业的关注点在于如何获取、使用和销售人们的注意力。你如果能获得人们的注意力，就能引发他们的渴望，从而让他们建立欲望，最终拿走他们辛苦赚来的血汗钱。就像上一章我们讨论过的，社交媒体是大生意。

糟糕的是，他们销售的产品是我们的注意力。

尼尔·埃亚尔认为，分散注意力的事情就是"任何能够使你偏离计划的事情"，而"怀抱目标、朝向预期方向的前进运动"则具有牵引力。所以，注意力分散其实就是牵引力的相反面，它阻止你有目的地做事。

他说："牵引力让你走向你真正想要的，而注意力分散让你离得更远。心无旁骛地不被干扰，意味着说到做到，坚持去做你真正想做的事情。"

如果我们认为牵引力能够让自己"朝真正想要的目标前进"，也许注意力分散会让我们因为不清楚自己真正想要什么而变得更糟。再次强调，我们一定要记住斯多葛派哲学家塞涅卡的至理名言："如果你不知道要驶向哪个港口，任何风都是逆风。"

早上骑健身自行车和阅读，是我一天中最中意的部分。这有点像曾任美国特种作战司令部司令的威廉·麦克雷文（William H. McRaven）上将那著名的"铺床"习惯："如果你每天早起铺床，你就完成了一天当中的第一个任务。"如果我能在一大早就运动并且学习的话，无论接下来的时间如何度过，我都获得了一些成就感。早上的这一小时是我送给自己的珍贵礼物，如果我允许其他事情分散我的注意力，对我没有任何好处。

就像很多奇怪的习惯一样，注意力分散本身也许并不是坏事。很多时候，生活中真正的乐趣就是来自外界那些亮晶晶的东西。如果我们蒙上眼睛，屏蔽周遭一切的话，注定会错失生命中极大的快乐。

心无旁骛并不意味着再也不去关注身边亮晶晶的东西——正相反，它意味着你需要刻意去这样做。无论是查看邮件、刷照片，还是观看小狗滑滑板的视频，只要能让你快乐，都无可厚非。而尼尔·埃亚尔提出的技巧就是，你需要有目的地去做，指定特定的时间去做，而不是盲目地去做而失去自己的牵引力。

尼尔·埃亚尔很喜欢社交媒体，他会有目的地去使用。他不允许内在的无聊、压力或者焦虑触发自己无止境地刷手机。如果他需要查看社交媒体，他会特意分配时间去看，并时刻保持着自身朝向目标的牵引力。

科技，尤其是社交媒体，已经成为成年人的"奶嘴"。每当我们无聊、焦虑、悲伤或者烦躁时，社交媒体就成了我们平复内心的工具。然而研究表明，对科技的过度依赖正在制造"噪声"，使我们的注意力萎缩，同时提高了我们的压力水平。

哈佛大学的积极心理学家肖恩·埃科尔（Shawn Achor）将"噪声"定义为任何造成分心又不具有好处的事物。社交媒体、新闻、不受欢迎的电子邮件和推销电话都是"噪声"的例子。我认为，其实我们可以扩大"噪声"的定义范围，它包含任何妨碍我们的习惯，或导致我们做出分散注意力的无效决定的事物。

现在有一群年轻的科技行业领军人物开始对他们的发明所引发的效果大感失望，并试图联合起来扭转他们造成的损害。还记得设计"传递阳光"应用程序的迈克和特里斯坦吗？这两个人都非常精通福格的策略，也都知道如何设计科技产品来吸引人们时刻参与。

在特里斯坦还是个孩子的时候，他曾是一名业余魔术师。他知道如何在分散他人注意力的同时利用技巧表演魔术。他的暑假都是在魔术营度过的，那些年，他不断跟随身边最好的魔术师学习。有人曾告诉过他，魔术就是利用人们注意力的弱点来达到效果。这些书呆子式的魔术营对特里斯坦来说非常有用。而且，在福格的帮助下，他学会了在利用人类弱点的同时，运用斯金纳发现的"强化"技巧来施展自己的魔术。

特里斯坦开发了一个应用程序，它可以在你点击一个词组的时候弹出一个介绍主要内容的小窗口。这样就不需要弹出一个新的界面导致你越看越多，越看越入迷。谷歌想要收购特里斯坦的技术，将其纳入 Chrome 浏览器中。谷歌提供了大量的收购资金，并在总部为他提供了一份工作。随着在硅谷的地位不断上升，他也慢慢感觉到良心有愧。他开始怀疑自己所做的这一切是否还有道德。

就像前面所说，福格和他的毕业生们正在改变着硅谷的面貌。福格面临着和彼得·帕克（Peter Parker）（也就是蜘蛛侠）相同的教训："能力越大，责任越大。"他的课程一直具有伦理争议，所以他不断引导学生们去看到——要运用技术让世界变得更好，这才是最重要的。

随着时间的推移和技术的日益成熟，像谷歌和苹果这样的公司获得了建立其客户详细心理档案的能力，并可以根据他们所掌握的信息给目标客户推送相关内容和广告。这就是哈佛大学教授肖莎娜·祖博夫（Shoshana Zuboff）所说的"监视资本主义"的开端。大科技公司通过研究你和你的习惯来赚钱，他们将这些信息卖给那些想要从你身上获利的公司。如果他们有能力分散你的注意力并引导你投入精力，那么他们就会这样做。福格的伦理课程内容并没有如他所愿地推进下去。

老话说，原则只有在涉及金钱时才能被检验。这是千真万确的。福格教授关于触发和改变习惯的课程被用来剥夺我们的专注能力。特里斯坦和他的朋友们决定开始反击。

谷歌的使命是"整合全球信息，使人人皆可访问并从中受益"，但是它没有提到它对谁有用，谁又能获得什么信息。

特里斯坦表达他们的产品对注意力产生的影响，也说出了自己的担忧。同事们开始注意到他的忧虑，因此谷歌为他设立了一个新职位，他成为谷歌首位"设计伦理学家"（design ethicist），他的工作就是确保谷歌的产品不会造成（那么多）伤害。

沮丧地度过了几年，特里斯坦终于还是离开了谷歌。因为设计帮助人们保持专注力的道德产品并不能给公司赚到钱。这有点像《甜心先生》（Jerry Maguire）中汤姆·克鲁斯（Tom Cruise）饰演的顶级经纪人提出的工作改善计划，工作看似更好了，但为公司赚的钱却变少了。在科技领域，此类项目的下场会像出现在犹太教堂素食自助餐里的猪肉香肠一样。

之后特里斯坦在美国参议院关于高科技的调查中做了证，同时参与制作了纪录片《监视资本主义：智能陷阱》（The Social Dilemma）。他的使命就是帮助人们将注意力从科技中夺回来，减少监视资本主义的影响。

不断分心的奇怪习惯，是一个难以扭转的问题。正如特里斯坦在纪录片中指出的那样。这一切的开端其实并不是什么险恶的意图。社交媒体在不断地发展。就像大多数企业一样，社交媒体公司也会在最有利可图的领域加倍努力。因此，出售你的信息、愿望和欲望，使得谷歌、Facebook 和微软等公司成为世界级的大公司。

我们不去讨论任何阴谋论，现实就是这些社交媒体公司的算法一直在改进。人工智能得到的信息越多，它就越能轻松找出你可能会把钱花在哪里。之后，它把你的信息卖给那些你可能会购物的公司。这为监视资本主义提供了基础，可怕的地方还在于，他们现在拥有的算法与即将到来的东西相比，根本不值一提。这就像 1981 年时妈妈们担心《太空侵略者》(*Space Invaders*)[①]，却不知道现在《堡垒之夜》(*Fortnite*)[②] 会变得多么规模宏大又令人上瘾。

所以，我们要做些什么来保持专注力，停止噪声和分心的干扰呢？

---

[①] 《太空侵略者》是日本公司太东（TAITO）于 1978 年发行的街机游戏，游戏类型为射击类。

[②] 《堡垒之夜》是一款第三人称射击游戏，因特殊的玩法与各种联动彩蛋而在国外有着极高的知名度，成为现象级游戏。

## 建立自己的降噪习惯

航空旅行是件压力很大的事情。严格的时间表、登机口的随时变化，还有在安检处排队等候的那些并不了解"禁止携带液体乘机"的乘客们。有一个可以大幅度减少飞行压力的东西就是降噪耳机。起飞时把它戴上，发动机的声音随之消失了，同时消失的还有占用我扶手的邻座乘客呼噜噜的打鼾声。因为降噪耳机，我立即摆脱了无数干扰。

仅仅一个习惯——戴上降噪耳机——即可瞬间消除会令你分心的干扰。

想要防止分心的干扰，其中一个最有效的方式就是确认噪声来源，然后斩草除根。假设，你正在努力培养早睡早起的习惯。我们都知道，阻碍良好睡眠的障碍包含食物、光线，以及随时出现的噪声。所以，为了改善睡眠，你能做的最好的事情之一就是安装遮光窗帘。黑暗的房间肯定是有利于提高睡眠质量的。遮光窗帘就像降噪耳机一样，这是一个一次性干预手段，你只需要做一次，就会永远带来有益效果。

正如我们已经讨论过的，手机也是一个巨大的干扰因素，是窃取我们注意力的噪声制造器。每一个嗡嗡声、叮叮声和消息通知声都会让人分心。研究表明，分心后想要恢复到之前的状态，你可能需要 20 分钟。所以在手机问题上，我们是可以建立大量的降噪习惯的。我相信你肯定能想到一些。我也可以抛砖引玉地提供两个建议。

第一，关闭信息通知。

这样就不会有叮叮声、嗡嗡声，也不会有小红点来挑战你的注意力。在所有的降噪习惯里，这个习惯可能是对你来说是最有价值的。你只需十来秒的操作，就能永久地消除上百种干扰。随着干扰被消除，多巴胺成瘾也会随之减少。

第二，在另一个房间给手机充电。

花时间与所爱之人保持交流是非常宝贵的。然而，我们却经常被手机分散注意力，以至于我们的对话变得僵硬，与家人和朋友相处的时间也不再那么特别。

我有一个降噪习惯，那就是我会在家庭办公室（靠近房子的入口处）给手机充电。我会开着声音，可以听到电话，但我不会因此分心，也不需要不断地对抗拿手机的冲动。我的朋友们都知道我的这个习惯，他们如果需要我就会打电话。这样一个简单的习惯，就能有效消除无数分散我注意力的干扰。当然，当我想要查看电子邮件和短信时，我也会去查看。

## 尝试"阶段性禁食"

如何节制一直都是我的困扰。大半辈子以来，我的心态一直都是"如果什么东西很不错，那肯定越多越好"，所以我一直都面临着体重的困扰。持续 20 年的时间里，我一直面临着需要减掉 10～15 千克体重的问题。而三年前，我发现了间歇性禁食的乐趣。

你觉得你每天需要做多少个与食物有关的决定？大多数人

觉得大概是 15 个。而当科学家们测量时,他们发现这个数字超过 200。

《从优秀到卓越》(*Good to Great*)的作者、领导力大师吉姆·柯林斯(Jim Collins)说:"寻找能消除成百上千个决定的那一个决定。"

间歇性禁食就是一个可以消除 200 多个其他决定的决定。在禁食的时候,所有与食物有关的选择都不需要考虑了。噪声少了,你就会有更多的脑力投入到其他事情上。由于禁食的降噪效果,我减掉了 15 千克的体重,并在过去三年里一直保持着。溜溜球饮食(yo-yo diets)[①]的压力也不见了。有句谚语说,100% 地投入比 99% 地投入更容易。也许只有 1% 的差距,但那颗小小的怀疑、摩擦和犹豫不决的种子会以违背数学定律的架势影响一切。你刚开始禁食的确会面临一段艰难的时期——你必须做一些繁重的"习惯—替换"工作,同时也要违抗内心的海鞘。但最终,你的身体和大脑都会习惯它,而且一旦做到,你就可以减少精神负担中其他的决定,这不失为一种解脱。

关掉信息通知,把手机放在隔壁房间,并且开始尝试阶段性禁食吧,这些都是消除噪声的例子。正如迈克尔·乔丹(Michael Jordan)的那句名言:"一旦决定了,我就不再想了。"

---

[①] 又称为溜溜球效应,是耶鲁大学凯利·布朗内尔(Kelly D. Brownell)博士提出的,指由于减肥者本身采取过度节食的方法,而导致身体出现快速减重与迅速反弹的变化。

**? 好奇起来吧**

- 你将改变手机上的哪些设置来减少噪声?

- 从现在开始,你打算在哪里给你的手机充电?

- 你打算尝试什么降噪习惯?

# 第 12 章
# 自己扛

*

你活得很痛苦,不意味着你是个负担,不意味着你不被爱、不受欢迎或不值得关心,也不意味着你让人无法承受、过度敏感或需求太多。

它只意味着你是个人。

——丹尼尔·科普柯

(Daniell Koepke)

戴维·劳埃德是个大块头，他热爱健身，满身都是炫酷的文身，强壮到可以仰卧推举一辆小卡车。

有一次，当他在 6 米高的房顶安装太阳能电板时，他重重地摔到了地上。他也许强壮，但强壮不过水泥板。他的左腿严重损伤，右脚踝骨折，左手腕粉碎性骨折，还有几条肋骨断裂。这一身的伤，足以说明混凝土的坚硬程度是人类无法比拟的。

戴维伤得很重，他的双腿经历了多次手术，他也坚强地扛过了住院期间理疗师严格的治疗。他知道，只要有决心，破碎的身体就能痊愈。

戴维有足够的决心，但是这个大块头没有意识到的是这次事故会给他的精神世界产生多大的影响。在医院的时候他一切都还好——无论是跟护士们聊天，还是接受理疗师和治疗师们带来的痛苦挑战，他都能游刃有余地面对。尽管他的身体伤痕累累，但是精神世界一片清明。但是当他回到家后，情绪上的挑战开始逐渐凸显出来。他的身份被剥夺了，精神上的冲击让他不堪重负。

第 12 章　自己扛　187

## 很多人都会在需要别人时选择退缩

在这里,我们强调的是,我们要有意识地去建立我们的身份——建立与我们想成为的人相对应的习惯。

就像戴维一样,我们在二十几岁的时候,我们的身份大多与所从事的事情有关。戴维是个蓝领(电工),喜欢健身、骑车、踢球,以及和好朋友小酌几杯啤酒——澳大利亚人喜欢的那些事。但这些事情在他受伤之后就都不可能了,甚至每周日和未婚妻劳拉在丛林中徒步的体验也不得不停止,他钟爱的所有身份都被这次受伤经历一层一层地撕掉。

这次事故夺走了许多能给戴维带来快乐的事情,甚至夺走了将他塑造成他的东西。一开始朋友们还时常来看望他,但是慢慢地,他们拜访的次数和质量都开始迅速下降。戴维很痛苦,深深的抑郁在他的心里生了根,他发现自己在逐渐远离所爱的人,甚至开始远离劳拉。在他完全坠入谷底的时候,他甚至考虑了自杀。

很快,戴维就迫不及待地回到了工作岗位,但是他发现很多以前能做的活儿现在他都做不了了。如果更加努力地尝试只会加剧身上的伤痛,进而延缓整个恢复进程。他感觉自己一无是处,像个负担一样,他只想找个洞爬进去躲起来。他的心理健康情况愈加糟糕。

随着时间的推移,戴维的活动能力有所提升,他的心理健康也随之改善了一些。他突然意识到,一定有很多人也在经历这些感受——住院期间,你会得到很多支持,但是一旦回到家里，这些支持就会慢慢枯竭，不但如此，在这种时候你还很容易将支持推开。大约在这个时期，戴维加入了我的课程"焕发新生"（Prymal Reset）。我们共同审视了他的习惯，尤其是有关内疚和羞耻的习惯。他觉得自己是所有人的负担，尤其烦劳了劳拉。他不想成为别人的负担，他深感羞耻，因此他退出了自己的"部落"。

羞耻研究专家布琳·布朗博士发现了一种区分羞耻和内疚的好方法，我觉得它适用于我们所有人。她说："内疚感是因为我做了一些不好的事，而羞耻感是因为我本身就是不好的。"

布琳·布朗博士的研究发现，当你沉浸在羞耻感中时，你更有可能会挣扎于酒精、过度饮食、抑郁和焦虑中。然而，内疚可以激发人的好奇心。你可以从中吸取教训，从而逐步改善，走向成长。内疚是告诫你下不为例的好老师。

戴维陷入了羞耻的困境。他一直都非常独立，必须依赖他人的现状让他很不舒服。他的思维习惯循环，导致他内心的海鞘不断地告诫他要拉开与他人的距离，不要成为负担。所以他越是悲伤，就越是拒人于千里之外。这就是一个奇怪习惯。

当戴维回顾那段时间时，他记得自己羞耻感最强烈的时候就是看到父亲的那一刻："当我看到父亲时，我真的非常内疚，好像我让他失望了，为此我格外怨恨自己。"

戴维困在羞耻当中无法自拔，只因为父亲请了三个月的假来陪伴他。他痛恨自己给父亲制造了这么多麻烦，即便这是每个为人父母的人都甘之如饴的事情。他自己也知道，如果是他的孩子这样，他也会义无反顾地这样做。

## 请求并接受帮助是完全可以的

抑郁让我们推开可以治愈我们的良药——我们的"部落"。当我们关闭向外的连接感时,抑郁就会在内心滋生。像戴维这样慷慨的人,其实也有一个奇怪的现象:他特别乐于助人,因为帮助他人可以给他带来快乐,但是为什么他不允许别人通过帮助他来获得相同的快乐呢?因为他的羞耻感在他的内心蚀出一个孤立的深坑,逐日变深的坑深深地把他锁在了其中。

在最需要他人的时候退缩是个奇怪的习惯,尽管因尴尬或羞耻感而被触发的焦虑让人感觉很不好,内心的海鞘很想远离这种感觉,但是继续下去的结果就是:抑郁和孤立。

焦虑的目的本是让你动起来——它想要帮助你找回安全感或者回归"部落"。焦虑本应帮助你寻找那些让你感受到安全和支持的人,但它做到了吗?也许没有。对很多人来说,焦虑会让他们退缩,让他们尴尬,让他们逐渐与人疏远。

我们都认为焦虑和抑郁是不同的东西。哈里在《走出焦虑》一书中得出了结论:你无法将这两者分开。美国国家卫生研究院——美国资助医学研究的主要机构——已经停止资助那些将抑郁症和焦虑症描述为不同诊断的研究。在美国,每五个成年人中就有一个在因精神问题服药,而抑郁症和焦虑症就是罪魁祸首。

哈里将抑郁症和焦虑症描述为同一首歌的不同翻唱版本。抑郁症是由乌黑头发、苍白皮肤的丧文化乐队唱出的低沉版本,而焦虑症则是尖叫着的激进金属乐队在演唱同一首歌。他们唱着同样乐谱的音乐，呈现出的效果却截然不同，但是有一点是非常确定的：当你感受到"部落"的安全感时，抑郁和焦虑都会得到改善。

对自己为何在需要别人时选择退缩产生好奇，可以帮你发展出一个有意识的习惯循环——请求并接受帮助。表达感激之情、建立连接和提前偿还，可以创造一个向上的螺旋，将大家联系在一起的同时帮助大家停止陷入孤立和抑郁的下行螺旋。

因此，戴维决定做点什么。他成立了两脚基金会（Two Feet Foundation），以帮助人们穿越创伤，也可以通过他们连接到更多经历过类似情况的人。他开了一个播客，同时帮助当地的医院启动"两脚"支持小组，他希望这样做可以帮助人们彼此连接，提升心理健康水平。

行动的确会给人答案。行动不但让这个大块头走出了内心黑洞，也推动着他开始帮助其他人走向光明。

情绪低落时远离"部落"是一个奇怪的习惯。你需要"部落"给予的安全感，也需要建立自我觉察，困难时刻的退缩行为是可以被察觉到的，它同样能够成为好奇心和连接感的提示信号。

## ❓ 好奇起来吧

- 在你感到沮丧或悲伤时，你会与谁联系？

- 什么情况下羞耻感会潜入你的世界？

- 这个世界（或你的"部落"）如何因为你的存在而变得更好？

# 第 13 章
# 害怕恐惧

*

我们都会害怕,但我们的勇气远胜于恐惧。

——马拉拉·优素福·扎伊

（Malala Yousafzai）

差不多一百年前，一位名叫克莱尔·威克斯（Claire Weekes）的年轻人有望成为第一位被悉尼大学授予科学博士学位的女性。那是在1927年，即将成为博士的威克斯患上了扁桃体炎症，她体重下降，并出现心悸症状。当时，结核病还是无法治愈的威胁。而在诊疗根据不足的情况下，一位医生就诊断她患有肺结核，并将她送到城外的一家疗养院。

　　威克斯在疗养院度过了六个月的时间，她很害怕，也很孤独，时刻对"即将到来的死亡"战战兢兢。她身处疗养院时的状态甚至不及入院前。她那么焦虑，而她所对抗的，就是现在被称为"惊恐发作"（panic attacks）的症状（当时还没有这样的术语）。她将自己的症状命名为"紧张病"（nervous illness）。

　　威克斯与一位刚从"一战"战场回来的朋友攀谈。这位朋友给她讲述了那些从战场回归，挣扎于战斗疲劳症①的战士们

---

① 指战时精神紧张所致的一种神经症，又称弹震症，与焦虑有关，表现为对刺激过敏、易激惹、有睡眠障碍等。

的表现,也教给了她一些他从战士们身上学习到的、足以帮助她改变人生的建议。这位朋友说,那些战士被恐惧支配,即使离开战场,他们的症状也还在继续,而且和她的症状是一样的:心跳加速,手心出汗,不间断地思考着即将发生的各种危险。

这时候,威克斯科学方面的好奇心占据了上风,她向这位朋友咨询处理这种问题的最好方法。朋友不仅给了帮助她度过那段令人痛苦的时光的建议,还给她提供了处理焦虑和恐惧的工具。

所以,这位朋友教给了她什么呢?是"靠近恐惧"!

他解释道:"不要抗争恐惧,允许它经过你。"对威克斯来说,这简直就是一个启示。她接纳了建议,稍加补充之后建立了一个应对恐惧和焦虑的系统。她的系统包含四个步骤:"面对(face),接纳(accept),飘然(float),等待(let time pass)。"

通过这个系统,威克斯学会了面对,即如何在感受到焦虑后识别出它的第一个迹象,之后接纳这些不舒服的感觉,允许它们像天空中的云朵一样飘过。通过练习,她很快痊愈了。她学会了与她的"紧张病"和谐共处,而不再认为这是值得恐慌或害怕的事情。

## 我们对于恐惧的奇怪恐惧

在21世纪初,澳大利亚摇滚乐队"Something for Kate"就曾提醒过我们,其实我们所思考的一切都早已有前人思考过,甚至是这样的思考,我们都不是第一个。

早在我们有创伤后应激障碍(PTSD)、多动症(ADHD)、强迫症(OCD)这些术语之前,像威克斯这样的人就已经对恐惧、焦虑以及我们的行为产生了好奇。不过,威克斯并不是第一个发现"反应"和"回应"之间的区别的人。《活出生命的意义》的作者维克多·弗兰克尔的总结格外精彩,他说:"你永远无法从我身上夺走的,就是我对你的所作所为的应对方式。一个人最终极的自由就是在任何情况下都可以选择自己的态度。"

在新奇的心理学术语发明出来的上千年前,罗马人和希腊人就已经着手解决了很多这样的问题——对恐惧的恐惧。哲学家塞涅卡曾写道:"我们所受的苦大多来自想象而非现实。"还有一句古老的瑞典谚语是这样说的:"忧虑常常给小事带来巨大的阴影。"

我们从中学到了什么呢?那就是害怕恐惧这一奇怪的习惯其实已经出现很久了。

## 战胜内心的"第一恐惧"

转眼间三四十年过去了,威克斯在科学领域取得了辉煌的成就,她对进化生物学,特别是爬行动物的研究有了新的认识。她学习了医学,成了一名全科医生,她也因帮助了众多患有"紧张病"的病人而广受赞誉。

她在二十多岁时从一个归国士兵那里学到的经验,以及她对人类进化系统如何运作的理解，成了她医疗实践的基础。

1962年，在她59岁时，她的第一本书——全球畅销书《焦虑症的自救》（*Self-Help for Your Nerves*）出版了。在书中，她对弗洛伊德的心理分析方法（躺在沙发上谈论性和童年），以及行为主义者如桑代克和斯金纳都提出了批评。威克斯医生认为，对她来说，这些方法都没有帮助，因为它们都是在掩盖恐惧，而不是面对和接受现实。

到了20世纪70年代，威克斯医生的理论更加完善。她曾写道："紧张的人必须明白，当他惊恐发作时，他感受到的并不是一种恐惧，就像人们所以为的那样，他感受到的其实是两种独立的恐惧。我把它们称为'第一恐惧'和'第二恐惧'。"

威克斯医生说，"第一恐惧"是我们"战斗、逃跑和冻结"反应的生物性能部分，我们对此其实是无能为力的。"第二恐惧"是我们对"第一恐惧"的反应，我们是可以选择的。

对于很多人来说，默认的习惯循环是试图退回来、对抗恐惧反应，或者试图转移自己的注意力——100%的海鞘模式。这感觉不好，我们要远离它。

威克斯医生在很多年前就发现，海鞘模式的有效性是有限的。她的结论是，有"紧张病"的患者并不一定是因为性格缺陷或童年经历过创伤，正相反，是因为他们有逃避恐惧的习惯，而这种习惯又是由一直处在崩溃边缘的"敏感"神经系统导致或强化的。

减少"第二恐惧"的方法之一就是适应"第一恐惧"。20世纪80年代，苏珊·杰菲斯（Susan Jeffers）写了一本名为《战胜内心的恐惧》(*Feel the Fear and Do It Anyway*)的书。书名直译为"感受恐惧，勇往直前"，这本身就是应对"第二恐惧"的好建议。为担心而担心是一个奇怪的习惯，幸运的是，我们恰好可以掌控它。

威克斯医生年过八旬的时候，在一次采访中被问及是否患有惊恐症，她回答道："是的，我患有被你们称为惊恐发作的症状。事实上，我现在还会体验到，有时候我会在半夜被惊醒。"采访者对她表达了遗憾，威克斯医生震惊地看着他说道："把你的同情心留给别人吧，我不需要，也不想要。所谓的惊恐症不过是正常的化学物质在大脑中暂时性的失调。它对我来说毫无关系，我从不在意！"

## 好奇起来吧

- 你担心的时候,会有怎样的身体反应?

- 对你来说,"靠近恐惧"意味着什么?

- 在你的人生中,你在什么时候会躲避恐惧?

# 第 14 章
# 只"浇水",不"换盆"

*

当花朵不绽放的时候,你需要调整的是环境,而非花朵。

——亚历山大·登·海耶尔
（Alexander den Heijer）

威克斯医生几十年前就明白，感受到焦虑并不意味着一个人有什么问题。焦虑、悲伤、恐惧和担忧，往往是我们生活在这个复杂世界中产生的完全合乎逻辑并值得理解的反应。

近些年来，医学界出现了一种奇怪的习惯，他们不断"医学化"正常的身体和精神反应。焦虑的感觉变成了广泛性焦虑症（GAD）。如果孩子不愿意坐着不动，不想集中精力，他们就会被认为患有多动症。而任何长期的悲伤迹象都会被诊断为抑郁症。

我并不是说这些情况不存在，它们肯定存在。而我认为问题其实出在那些心存善意的医生身上，他们的奇怪习惯就是试图让我们相信我们其实是有问题的，然后给我们注入安定（Valium）、百优解（Prozac）。

## 我被诊断为抑郁症

几年前，我在一次例行年度体检的时候，找到了一位全科医生。检查中我偶然向他提及近期我感觉"有点乏味",尽管我的生意蒸蒸日上,太太和孩子也一切都好,我平时喜欢的有趣活动也一样没有落下。经营了 20 多年的验光配镜事业井井有条地进行着。每天我都在测试眼睛,"一号清楚还是二号清楚"这样的问题我也已经问了不下 950 多万次。当时我肯定是活在海鞘模式当中,我敷衍了事,甚至丧失了"关心"(CARE)这一因素(这一点在第 20 章有更多介绍),我也失去了对检查眼睛的热情。难怪我会感到"有点乏味"。

当时的我并没有意识到这一点——成功总是能遮盖很多问题。我只是觉得我不太像以前那么兴奋了。这位全科医生问了 3 分钟之后没有任何收获。终于,在我们结束仅 12 分钟的检查之后,医生说:"试试这个吧。"然后我就握着一张立普能(Lexapro)的处方离开了。他给我了一种能帮助我提高血清素水平的抗抑郁药物。

血清素是什么?它是我们的"内心自豪感"——它让身体知道自己是安全的,我们有充分的安全感,我们是"足够的"。

我拿到的药物是选择性 5- 羟色胺再摄取抑制剂(SSRIs),尽管这药对人们肯定有帮助,但是许多专家认为它远没有药物公司所说的那么好,也完全没办法满足医生们的期待。抗抑郁药物大多副作用较少,所以这大幅度减少了那些内心纯良、真心想要帮助患者的医生们的开药风险。可是,纵使意图再好,也无法促使药物发挥奇效。而本来良好的意图反倒为患者们铺设了通往安慰剂小镇的道路。

哈里的《走出焦虑》一书,旨在帮助焦虑症和抑郁症患者寻找希望。他在书中提到,他和他所采访的科学家们质疑了通常对于抑郁症和焦虑症的普遍假设。通常的假设是,抑郁症和焦虑症状的产生源于错误的神经化学物质引发的化学失衡。他引用了加州大学圣迭戈分校社会学与科学研究特聘教授、曾任教于普林斯顿大学的安德鲁·斯卡尔(Andrew Scull)教授的一句话——将抑郁症归因于低血清素是"严重具有误导性且极不科学的"。

乔安娜·蒙克里夫(Joanna Moncrieff)教授是伦敦大学学院的脑化学专家。她认为没有任何证据可以表明化学失衡会导致焦虑和抑郁,她解释说,科学界其实根本就不知道化学平衡的大脑是什么样子的。在她的《化学治疗的神话》(*The Myth of the Chemical Cure*)一书中,她对"精神痛苦是由大脑化学物质失衡造成的"这一观点可谓嗤之以鼻。

大脑中的化学物质,其实是根据当前出现在你世界中的事物以及你如何看待这些事物而做出的回应。保持你当前的世界不变,仅仅改变大脑当中的化学物质就能一劳永逸地改变,这种想法不过是制药企业兜售给我们的一个神话。

这就像是一株奄奄一息的盆栽,它被困在黑暗的角落里,得不到任何光照,根已长满花盆,消耗光了本就贫瘠的土壤。这种情况下就算你整日给它施肥,它也不会有任何好转。你需要的是改变它的环境。砍掉枯叶,给它换个更大的花盆,加入新鲜的土壤,再增加一些光照,这些都完成以后,这株植物才有可能有焕发新生的一线生机。

我们需要明白,将化学物质当成心理健康问题的第一道防线，其实是需要被我们好奇以视的习惯。

被医生开了抗抑郁药物是让我开启好奇心的提示信号。作为一个曾生活在卢克岛的人——一个在独角兽喷射彩虹、人人善良、万事顺利的地方生活的人，被诊断为抑郁，我并不能毫不反抗就接受。我决定研究一下血清素以及它的效用。

事实证明，血清素的分泌可以使人增加凝聚力，让我们对自己的身份和社交都抱有良好的感受。从穴居人的角度来说，血清素就是让"部落"聚在一起的神经化学物质，它让我们的史前亲属们感受到自己对团体的贡献感，也感受到成为团体的一部分是安全的。如果这种化学物质可以说话，它说的就是："做我自己很好，并且我很开心我在这里。"这感觉太好了，我们都希望拥有这样的感觉。医生，快给我开药吧！

## "换盆"后我很快恢复了活力

我的情况怎样呢？

我服用了立普能大约三周，我注意到我有些好转。这时候我的好奇心真正被激发了，难道我真的抑郁了？

之后我对自己生活的方方面面进行了一番仔细审查。我的家庭很好，我有一众很要好的朋友，财务状况也不错，但是我的世界里的确有两个部分不尽如人意：其一是我的工作让我感到无聊，其二是我的身材开始走形了。我是易胖体质，我的奇怪习惯却是从食物中寻求安慰。当我处在海鞘模式时，工作带来的沮丧感催促着我走向狂吃巧克力饼干的道路，仅仅因为它能给我带来即时满足感和解脱感。

那个时候，我正在接受拳击训练。我的教练是个思想深刻、性格复杂的人，名叫艾伦。他就像电影《洛奇》（Rocky）里面的教练米奇和克林特·伊斯特伍德（Clint Eastwood）[①]、《星球大战》中尤达的混合体。

我跟他说了医生的诊断结果让我很不舒服（这已经是几年前的事了，那时候我对心理健康的错综复杂性还全然不了解），也跟他分享了我对生活的自我审查。我告诉他，我需要改变训练计划并且开始减重，他听得格外认真。艾伦喜欢给我挑战，他问了我一个让我反复思考的问题："你是因为长胖了才开始悲伤、沮丧，还是因为沮丧又悲伤才长胖的？"

我们你来我往地聊了一会儿，他让我意识到，其实问题出在我看待工作的方式上。我只注意到了工作中单调又乏味的部分，不断告诉自己工作很无聊，正因为如此，我失去了促使我良好地运营企业的火花。在经营企业的过程中，有很多事情是我非常热爱的：激励他人，领导团队，帮助病人，带领团队不断提升。然而因为太过于讨厌无聊的部分，我甚至开始忽略我所热爱的。

我们想出了一个计划，将无聊的部分进行区域化管理（成熟起来，再难也坚持去做），然后全身心地投入到我所热爱的部分。

---

[①] 美国最受欢迎的硬汉明星之一，同时又是多才多艺的导演和制片人。

我就像那株亟待换新盆的植物，"换盆"之后我很快就恢复了活力，体重也下降了几千克。我的团队也重新走向正轨。我重新安排了时间计划以确保自己有更多的非工作时间。这样，我就可以确保自己在工作的时候可以全身心地去工作。我再度找到了良好的工作状态。在我复查的时候，医生和我都认为我可以尝试停掉药物，看看进展会是怎样。

是好奇心帮助我改变了看待世界的视角。其实，我们都在编造故事。你如何看待世界、如何看待自己，其实都是你自己编写的故事内容。而艾伦让我看到，既然我打算编造故事，那至少应该编写一点对我有帮助的故事。

这段经历让我意识到，我们要有意识地选择看待万事万物的方式，也要有意识地选择自己如何参与其中。同时，我们也要对自己的感受、想法和行为保持好奇心。其中最重要的是，这段经历让我知道了寻找问题根源的重要性，要保持好奇心，学会时刻重置自己看待问题的方式。

## ❓ 好奇起来吧

- 你从哪里获得内心的自豪感？

- 你生活的哪些部分需要"换盆"了？

- 在你生活的哪些部分，你只关注到了病灶而非病原？

# 第 15 章
# 习惯性焦虑

*

担心就像坐在摇椅上,看似有事可做,实则原地踏步。

——艾尔玛·邦贝克
（Erma Bombeck）

有些奇怪的习惯会乔装打扮成善良有爱的人才具备的美好品德，比如担心。在 20 世纪 90 年代，巴兹·鲁尔曼（Baz Luhrmann）[1]就告诉过我们，担心"就像试图通过嚼泡泡糖来解决一个代数方程式一样有效"。不过，如果担心、过度思维、灾难化思维是你选择的习惯循环，那么一旦深陷其中你就很难将自己分离出来。

整个过程可能是这样的，比如：

- 提示信号：我的儿子没接电话。
- 行动：开始担心，灾难化的思维方式让我担心他死在阴沟里。
- 结果：感觉糟糕透顶，焦虑不已，但至少这表明我很在乎他。

---

[1] 澳大利亚导演、编剧、制作人、演员。

## 焦虑只是你的情绪，并不能定义你

贾德森·布鲁尔博士在他的书《打破焦虑》（*Unwinding Anxiety*）中讲解了摆脱焦虑习惯循环的许多操作简单、轻松易学的方法。他曾说："我突然灵光乍现，我意识到了焦虑善于隐藏在各种坏习惯之中，这就是很多人看不到自己也很焦虑的原因之一。"

焦虑可能已经成了你的常规行为，已经常态化，以至于你从未停下来想过其他的可能性。它可能已经成为你身份的一部分。

我的朋友佐伊多年来一直在与焦虑做斗争。她的老家在欧洲，在嫁给一个澳大利亚人之后，她决定举家迁居到澳大利亚。佐伊有三个孩子，经营着一家生意兴隆的咖啡屋，她得应对所有的压力，不但得处理员工之间的各种问题，还得兼顾咖啡屋的各类琐事。英语是她的第二语言，在兼顾工作、孩子和文化差异之后，她还要努力与丈夫的朋友建立真挚的友情。

浓重的思乡之情和孤独感让佐伊高度紧张又焦虑不安。本就纤细的她越来越瘦弱，偏头痛也没放过这个可怜的女人。发生的一切让她开始责怪自己，她退出了朋友的交际圈。紧绷的情绪将她团团围住，即使最微弱的触发也会导致她强烈不安，必须做出改变了。

佐伊的奇怪习惯是焦虑和担心，这已经成为她身份的一部分。她已将自己看待为一个焦虑的人。在佐伊的意识中，焦虑就是她的性格特征："我的名字叫佐伊，我有棕色的头发、蓝色的眼睛，我焦虑。"

我给了她一本我与阿利·索特（Ally Shorter）合著的书《重启》(Reset)，我们还讨论了如何改变她讲故事的方式，改变她不断讲给自己听的焦虑和担心。之后，我们开始着手创造一种全新的、更有意识的思维方式，其中不掺杂任何责备、自我批评或自我打压。还有一个我们必须更改的就是，我们得将焦虑从一种个性特征转变为一种感受——一种她能感觉到的东西，而不是可以定义她是谁的特点。

焦虑是一种能够感知到的情绪，并不是一种性格特征。

## 捕捉，等待，重启

我们的第一步就是找到让佐伊陷入旧大脑负面风暴的触发因素，找到触发因素后将它转变为激发好奇心的提示信号。第一步是至关重要的，她必须真正清楚地了解当担心开始出现时她的感受。

对佐伊来说，最开始她会感觉胃里像打了结，然后她会双手握紧、肩膀紧绷。这往往会导致她出现偏头痛，进而在一两天之内失去行动能力。佐伊将这种过度强烈的感觉描述为紧绷和收缩，她会将自己紧紧禁锢在其中，直到身体大呼"够了"，然后用偏头痛为她解绑。

当她感到收缩和紧绷时，其实她的身体已充满了皮质醇和肾上腺素。这种情况下，新大脑就会完全下线，这种时候人是无法清晰直接地思考的。她的首要任务是把生理问题解决清楚。

我对她说:"想象你的手背有个按钮,每当焦虑被触发的时候你就可以摁下这个按钮。如果它可以让你平静又放松,这个按钮你会按吗?"

"当然了,"她说道,"我会像拿着退休金的老人玩游戏机那样按个没完。"她笑了,我看到她的眉头放松了,双手也松开了。

我向佐伊解释了我从斯坦福大学的神经科学教授安德鲁·休伯曼博士那里学到的知识。他曾说过,尽管我们没有消除焦虑的按钮,但是我们有一个能达到相同结果的东西:横隔膜!

我们的身体中有 600 多块肌肉,其中一块肌肉就是横隔膜,它是与下丘脑有直接联系的。下丘脑是大脑中控制自主神经系统的脑区——它控制着你的心率、呼吸和血压等。它就像大脑的行政助理——它是老板的看门人。现在已经被证实的是,只要激活横隔膜肌肉就可以舒缓神经系统,从而打破恐慌的发作循环。

我还向佐伊介绍了"捕捉、等待、重启"的概念。在《重启》中,我描述了一种基于认知行为疗法的策略以帮助我的客户解决焦虑、过度思维、灾难化思维的问题。它的工作原理是这样的:

捕捉:捕捉到压力的生理预兆。心跳加速、胃部打结、手心出汗等都是威克斯医生所说的"第一恐惧"的迹象。我们需要带着好奇和接纳的态度去觉察这些迹象——就像我们在"习惯—替换"中的觉察部分一样。

等待：等待意味着我在想什么？我为什么会有这种想法？这样有帮助吗？（这就是需要好奇心的地方。）

重启：当电脑过载并死机时，我们会按下 Ctrl + Alt + Delete 键来重启。我们的大脑也是可以重启的，只要问问自己："我可以控制什么？我有哪些选择？我应该删除什么？我可以选择哪些更有帮助的有意识习惯循环？"

因此，我要求佐伊在感觉焦虑出现前就捕捉到提示，之后通过鼻子深深地呼吸，用气息充满腹部，这样做横隔膜肌就可以参与其中。两到三次深呼吸就可以重新连接新大脑和旧大脑。

之后，我要求佐伊等待。如果你能够理解你在思考什么，为什么这样思考以及它是否有帮助，你就会打开好奇心的世界，这样就可以改变你看待压力环境的方式。

我要求佐伊做的最后一件事就是重启。重启有点像《平静祷文》(*The Serenity Prayer*)："上帝，请赐予我宁静，接受我无法改变的事情；请赐予我勇气，改变我可以改变的事情；请赐予我智慧，看清两者的差别。"

佐伊可以问自己以下几个问题：

- 我能控制什么？
- 我应该改变什么？（我有哪些选择？）
- 我必须删除什么？

跟电脑不一样的是，佐伊没有故障提示信息。但是她有胃部打结和收缩的感觉可以提醒她保持好奇。现在她也有了计划，她可以在捕捉到担心的第一个迹象以后，走出焦虑的习惯循环，重启她的系统进入一个具有好奇心和选择的习惯循环。全新的习惯循环可以连接新大脑和旧大脑，允许她更慎重地做出决定而不是一直困在焦虑的默认模式当中。

还记得第 2 章中我们曾经谈到建在黄金海岸和布里斯班之间的老公路和旁边的 M1 高速公路吗？我跟佐伊也讲了这个比喻。我们将她的全新进程称作"建造全新的 M1 高速"。

几周后我收到了佐伊的短信："我的 M1 高速上有更多车道了。腹式呼吸已经成为习惯，当压力增加的时候我可以捕捉、等待、重启了。谢谢你。"

# ❓ 开始好奇吧

- 当你感到焦虑的时候,哪些习惯会被触发?

- 当你担心时,你的身体出现的第一个症状是什么?

- 腹式呼吸在什么时候可以帮助你?

# 第 16 章
# 喂食压力怪兽

*

食物是最被滥用（且无效）的抗焦虑药物，而运动则是最少被使用的抗抑郁药物。

——比尔·菲利普斯

（Bill Phillips）

索菲亚真的已经筋疲力尽。漫长的工作时间，独自抚养三个十几岁的男孩，各种要求让她只能拼尽全力地勉强坚持。她靠着咖啡因、肾上腺素、红酒和玉米片来维持生活。健身房已经是遥远的记忆，她唯一的运动就是走到厨房，再拿一杯白葡萄酒或一些多力多滋薯片。她已经好几个月没有跟朋友聚会，也好几年没有约会了，她的衣服也开始紧绷。

每周一早上，索菲亚都会在 5 点醒来，在床上辗转反侧几个小时后她筋疲力尽。她发誓要开始过健康的生活，但是她连为自己做顿健康早餐的时间都不够，只能在把孩子们赶上开往学校的校车时抓一块松饼再加上一大桶咖啡。这天还是一样，到上午 11 点，她的工作仍是一团糟，老板（又）在发脾气，她的压力桶到此时已经满了。

索菲亚长期处于压力中，体内充满了皮质醇，这对她的饮食习惯造成了严重的破坏。

第 16 章　喂食压力怪兽

## "去他的"效应

任何尝试过减重的人都知道，坚持一个新的饮食习惯有多么困难。你遵循着一个全新的饮食或运动计划，直到某一刻诱惑战胜了你，引你偏离了整个计划。不小心吃错了一小口饼干，然后你就吞下了一整包，完美的减肥策略瞬间付之东流。

压力及运动调查者凯利·麦格尼格尔将这个过程称为"去他的"效应。她的研究表明，如果人认为自己失败了，他的大脑就会觉得"嘿，既然都失败了，那就一条路走到黑吧"。

"去他的"效应被激发，并不是因为节食者吃错了东西，而是因为想要改变习惯需要付出繁重苦力，需要努力和意志力。糟糕的是，压力、睡眠不足和烦躁的心情都会导致"意志力肌肉"变得薄弱。

所以遇到失败的时候，哪怕只是一点点失败的迹象，都会给人们带来羞愧以及失望的感受，这种感受才是导致新计划前功尽弃的元凶。

有一项不太友好的研究，其间在受试者的体重计上做了手脚，让这些正在减重的人觉得自己增加了2.5千克体重。这不但没有让那些可怜的节食者增加减重的决心，反而导致他们马上开始寻找食物，试图快速让内心的海鞘开心起来，以减少失望和内心的愧疚感。

这到底是怎么回事？

## 建立容错机制

我曾说过:"最让我失望的永远都是我自己。"当我在改变习惯时遭遇失败,我内心的叙事者就会快速跳出来说"我早告诉过你会这样"。就像我们在"自我对话"那一章学到的——你内心有一个小小的部分,他太喜欢觉得自己永远都正确。如果结果不是你想要的,那么保持自己是正确的至少会让你内在的这个"小克星"拿到安慰奖。

有一些工具可以帮助我们保持改变的进度,远离"去他的"效应。其中之一就是建立一个容错机制,为计划中出现的偏差预留一些空间,接受它们不过是生而为人的一部分。练习在第3章中曾谈论过的"提前检测",可以帮助我们建立容错机制。

习惯大师詹姆斯·克利尔就很好地展示了如何在健身习惯中增加灵活度,他的规矩是:"不连续两天错过运动。"对于新习惯要增加对错误的容纳心,这可以帮助你摆脱改变过程中的内疚感和压力感,也可以驱使你在建立新习惯的过程中保持在正轨上。

正如索菲亚所知,压力就像一头野兽,而给野兽喂糖果、酒精和咖啡因是一个奇怪的习惯。如果她可以对自己想要的奖励保持好奇和慎重,她就可以改变习惯循环,也可以在保持平静的同时,减到理想的体重。

**? 好奇起来吧**

- 你正在给压力怪兽喂哪些多巴胺棒棒糖?

- 你全新的平静身心的习惯循环是什么?

- 你要如何停止"去他的"效应?

# 第 17 章
# 醉酒

*

我喝酒是为了让其他人显得更有趣。

——**欧内斯特·海明威**
（Ernest Hemingway）

"什么？你说你不喝酒？来一杯吧，窝囊废！"

在过去的 6 个月里，我听不同的朋友说过这句话的各种版本。饮酒是澳大利亚人不成文的社会契约，非常难以打破，我想知道的是，在好奇心的帮助下，它是否可以改变？

在阅读了马尔科姆·格拉德威尔（Malcolm Gladwell）的《陌生人效应》（*Talking to Strangers*）（我最爱的书籍之一）之后，我的好奇心迸发了。其中一章探讨了酒后性侵犯。格拉德威尔描述了在涉及性侵犯的法律案件中，要弄清事情的真相往往很困难，原因在于，涉案双方通常都会忘记全过程。

那么，在酒精的影响下会发生什么呢？

格拉德威尔发现，大脑中最先受到影响的区域是前额叶皮质，换句话说，就是新大脑。正如我们所知，新大脑负责掌管我们的计划，模拟各种结果并帮助我们选择最佳方案。而当酒精导致新大脑部分脱机之后，不幽默的人可以成为喜剧演员，害羞的壁花（wallflower）①也可以成为摇滚明星，甚至会让人开始手舞足蹈（不过，看过我酒后跳舞的人无不嫌弃吐槽）。

正如格拉德威尔指出的那样，第一杯酒下肚后，我们做出复杂决定的能力以及处理竞争性需求的能力就会降低。它击中的是大脑的奖励中心，之后会将负责掌管我们对周围世界的回应、判断我们是否身处危险的杏仁核——大脑的恐惧中心——调低一个挡位。

换句话说，喝下几杯酒之后，我们就会出现百无禁忌的感觉，因为酒精会降低我们对潜在结果的计划能力（新大脑脱机了），同时降低的还有我们对恐惧的反应。这就是为什么醉酒的人总是做蠢事。

2~4杯酒之后，小脑就会受到影响，这让我们失去平衡协调能力——当然，情况不严重，也许就一点点。之后，最让我感兴趣的部分就是：当血液中的酒精含量到达 0.08% 时，大脑的记忆中心——海马体就开始挣扎了，我们会失去一些短期记忆。我们仍旧可以记住以前的事，但是当我们的海马体脱机的时候，我们无法创造全新的记忆。

海马体的隔壁就是杏仁核，位于旧大脑的深处。这样的安排是有原因的：杏仁核帮助你记住你做过的愚蠢的（或危险的）事情，并提醒你不要重蹈覆辙。一旦你开始喝酒，记忆中心也就跟着放假了，这对你来说没有好处。

当我处于清醒状态，而身边的朋友醉酒时，我注意到他们

---

① 这里的壁花，指在社交场合因害羞而没有舞伴或不与人交谈的人。

会不断重复自己说过的话。

对喝多了的人来说,不断重复并不是什么大问题,因为他们自己也忘记了上次你讲的关于你的伴侣和山羊的故事。当你的短期记忆脱机的时候,你就像金鱼一样,重复的对话对你来说魅力非凡。但是这对一直保持清醒的朋友来说——不胜其烦。

当血液中的酒精含量升至 0.15% 时,记忆中心就完全关闭了。似乎失忆是喝完每瓶伏特加之后附赠的免费奖品。"多美妙的一晚!虽然我不记得发生了什么,但是在我记忆力掉线之前简直太有趣了。"

## 既然记不住,那意义何在

读完《陌生人效应》之后,我有一种顿悟:如果我记不住喝酒的那一晚发生了什么,那喝酒的意义何在?

在心理学和商业领域,有一个概念叫作"报酬递减规律"(the law of diminishing returns),又名"收益递减规律"。它是指随着时间的推移,特定的行为提供的好处越来越少。对我来说,喝酒多少是有些符合该定律的。

假设你被邀请乘坐超级游轮驶向某个美丽的热带地区,在那里度过一个星期,与你相伴的都是电影明星和超级名模,服务生也会为你们提供鸡尾酒和令人垂涎欲滴的美食。这次度假会是无与伦比的盛会,你们高谈阔论,飒爽肆意地享受着每分每秒。唯一的问题在于,旅途结束以后,组织者会乔装黑衣人抹去你所有的记忆。陪伴你离开的只剩下宿醉，而没有一丝假期的记忆。

那么问题来了，你仍旧想要赴约吗？

我的答案是否定的——如果是这样的话，我为什么还要喝下那第五杯酒呢？

来自伦敦的作家鲁比·沃林顿（Ruby Warrington）是纽约"SÖDA NYC 俱乐部"的创始人。该俱乐部一直在纽约举办无酒精社交活动。她的书《清醒的好奇心》（Sober Curious）正在改变着人们和酒的关系。

在写下这些文字的时候，我已经尝试"清醒的好奇心"6个月了。在这之前，每周末都喝酒的生活已经持续30年之久。我真的非常喜欢这一改变！

对于喝酒的问题，我的好奇心扮演了重要的角色。我提出了一个概念，叫作"窗口"。窗口是指理想的饮酒量，它允许了最大程度的乐趣，但是又没有给海马体制造掉线脱机的机会——意思就是我会保持血液中的酒精含量低于0.08%。

## "无趣之人"

想要限制饮酒，一个奇怪的副作用就是，你可能会被同僚视为"无趣之人"。很讽刺的地方在于，你被认为"无聊"是因为你不想跟同一群人一起去同一个酒吧，一遍又一遍地听着同一个老掉牙的故事——只为了喝酒喝到神志不清，甚至自己都无法分辨是否玩得开心。

我的一个老朋友,有一次因为不想喝酒被人说无聊的时候,曾经这样回复:"其实我喝了酒也是个无聊的人,只不过你太醉了,已经无所谓了而已。"

人类都讨厌无聊,但是更讨厌的是无法融入群体。在饮酒文化中,这两者相加会让你觉得自己是社会的弃儿。

让我们从习惯循环的角度来思考一下这个问题:

信号:与朋友叙旧。

行动:喝一杯,然后再喝一杯……不断重复。

结果:玩得很开心(直到不开心为止),感觉自己从属于一个团体(不过他们可能喝得太多,已经记不得发生了什么)。

喝酒是符合奖励恒定性的一个绝妙的例子。奖励,如减少压抑、加强社会连接等,让这个习惯开始运行,但是最终自动巡航模式会接管,你开始照本宣科地重复——即使让你感觉良好的奖励早已消失,你也一如既往地重复。

饮酒的巨大问题在于,它让你大脑的"保镖"放了假,这就敞开了大门,允许任何人进入你脑袋里的夜总会。4杯酒下肚,你就卡在了默认习惯的循环中——此时,任何有意识习惯循环都不见了踪影。你想吃什么就吃什么,而且想到就要吃。证据就是:很少有神志清醒的人会在凌晨3点大快朵颐地吃肉串。

回想一下麦格戴斯乐队的主唱戴夫。他的默认状态是愤怒

第17章 醉酒

和无理取闹,他喜欢酗酒。这些习惯都无法展现一个摇滚巨星的最佳面貌。

金属刀唱片公司(Metal Blade Records)的老板布赖恩·斯拉格尔(Brian Slagel)在一次采访中回忆道:

"戴夫是个毋庸置疑的天才,但是他也有着令人难以置信的巨大问题——饮酒。酩酊大醉的他就是个疯子、狂怒的暴徒,一段时间之后其他人已经难以招架。我的意思是,他们当然也都会喝酒,但是戴夫总是喝得更多……太多。我看得出来,他们开始厌倦戴夫一直酩酊大醉、神志不清的样子。"

## 酒后短视

古罗马有一句话是"In vino veritas",翻译过来就是"酒后吐真言"。

有一种普遍的看法是,酒精会放大你的默认情绪。如果你的默认情绪是快乐,那你会是个愉快的酒鬼。如果你有愤怒的倾向,你可能会在饮酒后咄咄逼人。这种看法是有些道理的,但是它并没有很好地概括全貌。

人们在喝酒时发生的很多事情,实际上都取决于当时的背景和环境。心理学家和饮酒研究者克劳德·斯蒂尔(Claude Steele)与罗伯特·约瑟夫(Robert Josephs)提出了一个"酒后短视"(alcohol myopia)的理论。他们发现,饮酒会将我们的感受和想法局限在眼前的事物上。换句话说,饮酒会导致一种

"近视眼"的状态，让我们只能专注于当下重要的事物。

酒后短视理论认为，酒会让我们专注于即时需求，而模糊了我们对于未来的需求和愿望。酒会让我们眼前最为主要的、最为直接的想法更加显著，因为它同时减少了压抑和抑制，也会导致我们更有可能说出这个想法，无论这是不是个好主意。当你喝下 6 杯野格炸弹[①]后，你可能非常"需要"告诉你的老板他是个混蛋，但这也许并不是一个好主意。

几年前，当喝酒还是我人生重要组成部分的时候，我和我的太太凯伦时不时会出门约会饮酒，这种时候她都会"变身"——意思是她会一反常态地暴躁，并且将所有的敌意指向我。她会非常"凯伦"[②]地对待我。用她的话来说就是："我的名字叫凯伦，我是个很可爱的人。如果我对你太'凯伦'了，肯定是你活该。"

承受力弱的人不适合跟我一起生活。98% 的时候我都很外向，精力旺盛得像只兔子，集中注意力的能力却像叮人的小虫子一样小。如果你想要安静的人生，我这种人就不是理想的丈夫人选。再加上我糟糕的沟通习惯，还有一直奉为真理的"越多越好"原则，无论是朋友、食物、工作、健身、享乐……都是如此，相信你多少能猜测到在过去的 27 年中，我可怜的太太都经历了什么。

---

① 野格力娇和红牛调制的酒。

② 其英文 "Karen"，网络俚语，含贬义，广义上特指自认有权享受或提出无理要求的女性，狭义上指带有种族歧视、爱管闲事、以自我为中心的白人女性。

尽管我努力了，但我有时候确实过于激动，完全不思考我的行为会给其他人带来怎样的影响。和我生活在一起，凯伦偶尔失去理智是完全可以理解的。

不停喝酒，然后约会之夜的气氛急转直下，事态最终升级为争吵——这是个奇怪的习惯。我和凯伦坐下来，在清醒和平静的状态下谈论了这个问题。我表达了我的顾虑，我觉得一个有趣的夜晚逐渐演化成争吵让我很不开心。她告诉我，我总是不断寻找刺激，这让她觉得我根本不在乎她。

我们都是好说话的人，而且彼此对于压力的默认习惯都是试图避免冲突。总是回避，就会导致未解决的难题成为主导思维，在"酒后短视"的情况中，这些想法就会浮出水面，其结果就是回避问题变成了一反常态的口舌之争。

虽然凯伦是爱尔兰人，但是她彻底变身成康纳·麦格雷戈（Conor McGregor）[①]也就只有那么一次，我完全罪有应得。那晚，她最终还是变了回来，争吵变成了哄堂大笑，我们两个人一起嘲笑我是多么的白痴。尽管那晚我躲过了一劫，但是很明显，改变迫在眉睫。

当老好人、回避冲突，是值得好奇的习惯。即便是面对你爱的人，不善于沟通、不听取对方的观点，也可能导致未化解的议题，从而逐渐对对方心怀怨恨。老好人，就像我和凯伦，通常倾向于埋藏内心的感受，而酒精则会快速让这些感受重见天日。

---

[①] 爱尔兰综合格斗运动员。

我们需要转换习惯。我们想到的有意识习惯就是在所有约会之夜之前做一次"提前检测"。我们会说出所有压在心头的话。"提前检测"为我们提供了安全的环境,彼此可以冷静、开放地畅谈心声。我们可以利用这个时间,表达各自的顾虑,谈论未解决的问题,也表达对彼此的批评。

凯伦读到过一句话:"每一次批评都是一种变相的希望。"

我真喜欢这句话!

我们决定每当脑子里重复着对对方的批评,就把它当成一份希望表达出来。凯伦希望我可以提升沟通技巧,学会如何体贴他人。当我们在冷静的状态下表达对彼此的希望时,我们就不再需要酒过三巡后开始彼此咒骂了。

我们的性格是由默认习惯,以及我们选择不去行动的冲动构成的。"酒后吐真言"也许有一定的道理,但是它仍旧无法概括全貌。

带着好奇去观察自身的习惯循环,我们就可以在意识到奖励消失后开始制订计划(提前检测),有意识地选择一个可以取代默认习惯的全新替代习惯。

## 好奇起来吧

- 你和酒有着怎样的关系?

- 什么样的"提前检测"策略可以帮助你更慎重地饮酒?

- 酒过三巡,你会吐露怎样的"真言"?

# 第18章
# 用成就定义价值

\*

并不是面对了,任何事情都能改变,但是如果不面对,任何事情都不会有任何改变。

——詹姆斯·鲍德温
（James Baldwin）

乔希非常想成为一名摇滚明星。他热爱音乐，从小就练习吉他和钢琴。他一直以来的梦想就是站在满是崇拜者观看的舞台上尽兴地唱摇滚。

在校期间的他是个非常不受欢迎的孩子。他并不像戴夫那样愤怒无比，他是完全无法融入他人。音乐为他提供了一个疏解能量和激情的空间。音乐给了他被接纳的机会，给了他为之努力又心有所属的空间。每次表演的时候他都非常焦虑，但是他仍旧坚信成为音乐人是正确的选择。

二十多岁时，乔希和乐队获得了一些成功，但是相比戴夫和他的乐队而言，乔希他们可谓远远不及。他的乐队风格更像著名朋克乐队眨眼182（Blink-182）和布鲁斯音乐的结合体。在当地也算是吸引了一批虽热情但绝不狂热的追随者。

在早期，乔希将自己的快乐与自我价值和演出效果捆绑在了一起。只要观众略显稀疏，他便开始责备自己，质疑自己是不是真的有价值。他的自我价值感完全与这个世界如何看待他（他认为的）联系在了一起。

观众没有到场很可能是因为天气不好,或者演出当天正好是星期二[1]。但是乔希并不这么看。他将这一切描述成"自恋伤害"(narcissistic injury)[2],这种痛苦直达内心深处。他认为,这证明了他是个不受欢迎、糟糕透顶的歌手,唱着寡淡无味的曲子。一场糟糕的演出不但会完全摧毁他的自信心,还大幅度提高了他的焦虑水平。他对他人观点的个人诠释,将他的自信心推上了起伏不定的过山车。

幸运的是,乔希成长的家庭对于意识和意识的构成方式非常了解。他的父亲兰斯是一名曾任教于哈佛大学的精神病学家,显然他是非常了解人类意识的。乔希对摇滚事业的未来充满焦虑,所以父亲为他安排了治疗师来帮助他处理长久以来一直困扰他的焦虑,以及焦虑所带来的心跳加速和长期的胃部不适等问题。他的父亲足够聪明,他知道不能对自己的孩子进行心理治疗。很幸运,他不是那种自认为无所不能的父亲。

乔希说能够跟一名优秀的心理治疗师一起处理心结,给了他一种内心的接纳感。他发现,随着焦虑的减少,他对于成就的渴求减少了很多,他也更快乐了。

就像很多刚刚崭露头角的新生代摇滚明星一样,有一段时间,乔希意识到自己可能永远无法成为乔恩·邦·乔维(Jon Bon Jovi)[3]。他不但开始质疑自己是否想要成为摇滚巨星,也质疑自

---

[1] 西方国家认为星期二是不吉利的。——编者注
[2] 即当一个人的自尊、自我价值感受到威胁的时候,他会感受到自己是不被接纳的、没有价值的。
[3] 邦乔维乐队的主唱。

己能否成为摇滚巨星。

对于认可和被接纳的需求成了乔希的助推力,他自己也承认,这是他努力练习、对表演全力以赴的很大一部分原因。随着他开始对自己的思维习惯产生好奇,他对音乐确实也失去了一点动力。另外,这个时间段他也找到了自己的另一种热情——心理学。乐队解散后,乔希回到学校,开始研究我们的意识是如何运作的(后来,乔希也成为一名心理治疗师)。

我曾问乔希,音乐和被人崇拜他更喜欢哪一个,他停顿了一下,似乎真的很难将两者分开。他仍旧热爱音乐,甚至重新点燃了对古典音乐的热爱。"我爱的是音乐,"他开口说道,"当表演不再受困于是否被他人喜欢的桎梏中时,我喜欢音乐充满创造力的部分;当演奏不再被包裹在是否被评判、是否被接纳的焦虑中时,我也喜欢演奏我真正热爱的音乐。"

## 不快乐的成就者

成就让人感觉很好,它本该如此。你会收获一点点让你感觉良好的化学物质多巴胺和血清素,你的大脑会将它们识别成积极事物,然后立即决定:"让我们再来一次。"成就是有可能让人上瘾的,尤其是当成就还穿上一层摇滚明星的炫酷外衣时。

就像之前提到过的,人类体验到压力的原因有两个:动力和自我保护。压力会让你开始行动,也会导致你放弃。压力激素,即皮质醇和肾上腺素水平过高,就会使你想要抽身而退。

而成就带来的多巴胺对皮质醇有抑制作用,可以降低你的压力激素,帮助你在艰难的时刻坚持下去。当你在焦虑带来的压力中苦苦挣扎时,粉丝的欢呼就像多巴胺棒棒糖,可以很好地缓解你的压力。

很多人的问题在于他们渴望成就,却并没有很好地体会美好的部分——他们快速进入了下一个循环。乔希将他们称为"不快乐的成就者"。乔希说,不快乐的成就者往往将自己的价值依附在他们所做的事情上。他们相信自己被爱、被认可、被接纳的能力都取决于自己所做的事情,无论这份爱、认可和接纳是自己给的还是"部落"给的。

乔希是这样说的:

"这些人可能会因为成就的意义而感到空虚。出于复杂的原因,他们觉得自己必须获得成就才能感受到有价值或者值得。成就不再是一种乐趣,而成了必需品。如果一个人为了获得价值而被迫取得成就,他就停不下来。一旦不再获得成就,他就感觉不再被爱着。这是一种非常可怕的负担。"

哈佛大学教育研究生院的一项研究发现,年轻人认为"取得高水平的成就"是他们的最优先事项。其他优先事项,如"关心他人"和"成为一个快乐的人(大部分时间感觉良好)"得到的票数不到"取得高水平的成就"的一半。

由此可见,成就很重要——的确,它本应重要——但我们不可以让它成为自我价值、与他人连接以及幸福的唯一驱动力。

正因为成就如此重要,也就不难理解为什么这个世界充满了不快乐的成就者。布琳·布朗博士在她的《脆弱的力量》(The

Gifts of Imperfection）一书中解释说，有强烈的爱和归属感的人，相信他们值得被爱、值得有归属。问题是，我们中的许多人被教导的是，只有当我们做了一些使我们值得被爱和值得获得归属感的事情时，我们才会得到爱和归属感。

对爱和归属感设置偶发性先决条件是一个奇怪的习惯：

- 如果我挣了 100 万美元，我就值得被爱了。
- 当我减掉几千克时，我就能感受到我值得拥有与他人的连接。
- 当我的粉丝能充满一个体育馆，我的歌喉天下无敌时，我就会快乐。

这种思维方式会让你深陷困境。这意味着决定你个人价值的力量在你之外，而且很多时候不受你的控制。身为人类，你值得拥有爱和归属感，仅仅因为你是人类的一员。

就像布琳·布朗博士所说："当你终于明白，爱、归属感和你的自身价值都是你与生俱来的权利，不是你必须争取的东西时，一切就都有了可能。"

## 进化和确认感

需要被喜爱以及通过成就来寻求确认感，是值得理解的奇怪习惯。两者都是由进化而来的——它们可以追溯到很早期，在那种时候如果谁脱离了大众、孤身一人，那他就相当于被判了死刑。

成为团队的一部分、为"部落"做贡献，这些想法根深蒂固地埋藏在我们的生存基因中。我们需要归属感。

如果你有孩子，或者你的朋友们有孩子，你就会看到他们在身处陌生环境的时候会有怎样的表现。他们会暂时离开父母向外探索，但是每隔一段时间就会回头看看，以确保爸爸或者妈妈还在看着他们。孩子想要冒险，但是他们也想要安全。当他们知道大人就在那里时，他们就有勇气走得更远，可以更果敢地尝试新鲜事物。

孩子很喜欢给父母留下好印象。"你看到我了吗？你看到我了吗？"这就像《海底总动员》中超级酷的海龟柯路西一样，当孩子做到超越自身能力的事情后，他们会非常希望得到确认感。

寻求确认感这个奇怪习惯，是贯穿我们大部人一生的一条大脑回路。人类的初始设计就是没有安全感的。我们被设计成需要确认感、需要"部落"支持的样子，因为我们一旦过于自信，去独自开辟新道路，就有被剑齿虎生吞活剥的可能。

在人类还生活在赛伦盖蒂平原上的时候，不安全感给我们带来了很多好处。它帮助我们建立连接到"部落"的安全感，也让我们有足够的开放度接受帮助——这是很好的系统。然而，就像大多数的奇怪习惯一样，寻求确认感是如何从想要成为"部落"的一员演变成我们必不可少的需求的呢？我们的自我价值感什么时候开始依赖于他人对我们的看法呢？

1902年，社会学家查尔斯·霍顿·库利（Charles Horton Cooley）就曾说过："我不是我想象中的我，我不是你想象中的我，我是我认为你想象中的我。"

请重读一次。如果库利是对的——我猜他一定是对的——这就意味着我们把自己的身份和自我价值困于他人对我们的看法之中。更准确地说，我们将自己的自我价值困于我们认为他人如何看待我们之中。

在20世纪70年代，新生的积极心理学运动开始崭露头角，很多人认为缺乏自尊是一切的罪魁祸首，无论是孩子们地理考试不及格，还是高犯罪率，都是由它产生的。到了80年代、90年代，体育比赛不再参与计分，甚至对第7名都开始分发绶带，每一个孩子都会得到参与奖。这时我们开始给平庸以确认感，以保护自尊心为名让孩子从虚假的成就中体验多巴胺。对我来说，这是个人配得感的开端。

正如先前我们所发现的，瘾症会乘着多巴胺快车飞速前进。一点点多巴胺分泌就会驱动着我们重复之前成功达到目的的行为。如果我们不管是否付出努力，不论结果如何都会得到奖励，这是否意味着我们在强化着毫无帮助的个人配得感的神经回路？

在乔希的心理治疗师生涯中，他注意到很多拥有高成就的人都活得异常不快乐。他深入研究后意识到，这些人需要成就感来体验到自身价值，但是这种感受会转瞬即逝，他们立即就觉得需要开始下一项任务。这是多么奇怪的习惯啊！

如果我们回到习惯循环，以及福格教导我们的将积极情绪附加在所需习惯的理论之上，即加入福格所说的"阳光"，我们就可以看到确认感的需求究竟从何而来。如果别人跟你说你做得很棒，或者你的歌很震撼，那种感觉就会很好，内心的海鞘进而就会驱使你再做一次。

对于乔希来说，改变来自他调整了看待归属感的视角——他将视角聚焦到他要如何做出贡献，以及这个世界为什么会因为他的存在而变得更好之上。他现在每天都在自己的心理治疗诊所里帮助他人，他抚养着自己的孩子，也帮助着不快乐的成就者们用不同于过去的视角去看待自身成就。

## 从错误的地方寻求确认感

我有一个奇怪的习惯，我喜欢从那些从未给过我肯定的人身上寻求确认感。在学校取得优异成绩、成功经营企业，甚至写这本书，在一定程度上都是我寻求确认感的例子（对此我是接受的）。

我至今仍旧记得父亲第一次给我直接的、明确的确认感的时刻。那时候的我 29 岁，住在英国。我把父母接来英国共同庆祝千禧年。

我们在一次打高尔夫球期间谈起了我一直经营的 Specsavers 眼镜店生意有多好。我随口说道，我不过是运气好罢了，天时地利人和，我也就顺势成功了。父亲停下了脚步，抬起手扶着我的肩膀将我转过来面对他，说道："这不是运气。你做得非常好，你很努力地工作，打造了这样一个了不起的企业，我真的很为你自豪。"

这对我来说是意义非凡的一段话。我不禁流下眼泪，紧紧地拥抱了父亲。

父亲成长的那个年代，男人不太会接触到有关情绪的教育。他们得到的教诲一般是，要不断努力，像个战士一样去拼搏。父亲对于给予（或获得）赞美并没有太多的体验。毋庸置疑的是他关爱他人，向来都很微妙地去表达。他对我表达关爱的方式就是一直支持我（现在也是）。

父亲曾是我所在球队的球门裁判，他总是开车载我去打板球，坐在炎炎烈日下看着我比赛，即便那时的我就算手感好也只能得个8分。有话直说向来不是他的风格，这也是为什么他的那一番话对我来说意义如此重大，时至今日我依然记忆犹新。

我们都需要以不同的方式获得确认感。确认感就是一个信号，标志着我们的"部落"重视我们的贡献——这非常重要。

某一个人不重视我们的价值可能不会让人感觉太糟，但是如果这个人是群体中高高在上、被人仰视的人，那么他的认可就格外令人渴望。这是有道理的：我们是灵长类动物，就像狒狒和大猩猩一样，争取站在群体领导者认可的优势地位绝对是明智的选择。

而尝试新事物，或者受到他人的批评，往往是很难让人获得良好感受的。如果你任其发展，批评还会破坏自信心，阻止你去做你真正想要尝试的事。我们其实都有一个能够启动内在自我怀疑怪兽的按钮。当有人按下这个按钮的时候，我们会感到刺痛，内心的海鞘会直接回到更安全但一成不变的现状之中。

不过，好奇心可以消除批评对自信心的破坏力。

我有三个问题，是我在面对批评的时候会问自己的问题：

- 批评得有道理吗？如果有，我该怎么改进？
- 是谁在批评我？
- 这个人的意图是什么？

对于第一个问题，如果对方的批评正当、有理，那么感谢这个人，开始去好奇如何能更好地改进。

第二个问题是我们格外需要好奇的。因为现在的世界充满"键盘侠"和"网络喷子"，如果对谁的意见都轻信，你就很容易让自己自信心的车爆胎。

在鉴别批评来源的时候，罗斯福所说的"竞技场上的人"（man in the arena）值得我们借鉴。他说：

> 重要的不是那些"指点江山"的人，不是那些指出强者失败的人，也不是对实干家指手画脚，说他们哪里本该做得更好的人。荣誉属于真正站在竞技场上的人，他们脸上沾满灰尘、汗水和鲜血；他们英勇奋斗；他们一次又一次地犯错失败，因为在努力的过程中必定有错误和短板出现；他们实际拼搏、真正努力，投入最大的热情与专注，把自己奉献给有价值的事业。
>
> 在最好的情况下，他们取得最高成就。在最坏的情况

下，他们摘取失败的苦果，但即使遭遇失败，他们也不乏胆量，其所处位置将永不同于冷漠、胆小、未经胜败洗礼的人。

我第一次听到这段话是在布琳·布朗博士的 TED 演讲中，此后我又拜读了她的书《活出感性：直面脆弱，拥抱不完美的自己》(Daring Greatly)。罗斯福和我的这位老师——TED 知名演讲者，都在传达同一个简单的信息：如果你没有努力，我就不在乎你的意见。或者，正如喜剧演员蒂姆·明钦所说："意见就像肛门，每个人都有一个。"他接着说道，"但是跟肛门不一样的是，意见是需要被彻底审查一番的。"

这里，我们需要思考的最后一个问题与他人的意图有关。很多人都因曾被误导而形成一个奇怪的习惯——认为吹灭别人的蜡烛就可以让自己的蜡烛更为闪耀。

德语中有一个单词"schadenfreude"，它的含义是"幸灾乐祸"。而任何"幸灾乐祸"的信息都是在给别人的反馈簿上画叉。

每个人都需要感受到自己对"部落"有贡献，所以寻求确认感并非一个奇怪的习惯。而向那些"不在竞技场中"、喜欢幸灾乐祸的人寻求确认感就绝对值得好奇一番了。

别人的看法不关你的事，去寻找你信任的、有良好意图的导师，去跟同在竞技场中的人交谈，最重要的是，要记住你成功做到的事情。像福格的"阳光"一样，从胜利中获得快乐和确认感是强化积极习惯的好方法。如果你能留心自己的成就，不将自身价值附加在结果上，你就能够内在丰盛地茁壮成长。

第 18 章 用成就定义价值　251

## ❓ 好奇起来吧

- 你是否把个人价值置于成就之后?

- 你什么时候会发现自己做得很好?

- 你重视谁的意见?

## 第 19 章
# 避免艰难的对话

*

当我们回避艰难的对话时,我们便将短期的不适置换成了长期的紊乱。

——皮特·布朗伯格

(Peter Bromberg)

无论你要进行的对话,是让你想到"旁敲侧击""没完没了",还是"建设性意见",都没关系——只要想到马上要开始一场艰难的对话,我们大多数人其实都会直接回到海鞘模式。我们的旧大脑会感受到危险,所以哪怕竭尽所能,我们也要回避冲突,只因为冲突有可能导致我们被踢出自己的"部落"。

我有一个奇怪的习惯:我总是一遍又一遍地在脑海中排练未来可能会进行的艰难对话。我会仔细思考在棘手的情况下该说些什么是完全值得理解的,甚至是个好主意。然而,不断在脑海里反复播放这些虚构的未来对话,却从未真的说出口,这也是一个奇怪的习惯。

我们都非常熟悉"思维反刍"(rumination)——你脑袋里唠唠叨叨地重复着想象出来的艰难对话。"ruminate"一词来自拉丁语,意思是咀嚼从胃里返出来的食物,这是牛的消化习惯,它将食物咀嚼后吞咽下去,之后从胃里返出来再次咀嚼。

这样与自己的对话实则是噪声。不需要的、恼人的喋喋不休之语,它不会让你更清晰,也没有任何教导作用。思维反刍会强化你并不需要的神经回路，增加有毒的压力，可能会使你更加没有勇气说出该说的话。结合我们在第 1 章所了解的负面倾向，我们不难了解，思维反刍也会导致虚构的结果朝向更糟糕的方向偏移。

在第 11 章中我们了解了降噪习惯——只需要做一次就可以减少若干干扰的事情。那么，我们为什么不干脆说出那难以启齿的话，从而摆脱无意义的思维反刍呢？

作为一个领导者，我时常需要给表现不佳的员工提供反馈，这种时候我总是很挣扎。我与我的朋友兼导师、心态专家丹尼·金斯伯格（Danny Ginsberg）交流了这个情况，我向他寻求帮助——如何更好地在工作中说出那些难以言表的话。

他的建议是什么？是"直接去说"。

每当他团队的某位经理与某位成员出现问题的时候，他问自己的第一个问题总是："这个人知道自己正在制造问题吗？"实际上，不管是对话，还是提出反馈，只要从好的出发点表达，并信任这会被听到，就足够了。具有挑战性的对话，其实从不会像你脑袋里设想的那么困难。

## 冲突不可怕，争斗没必要

反馈专家乔治娅·默奇（Georgia Murch）与世界各地的企业合作，帮助他们改善沟通技巧，训练团队更好地处理冲突。她说："冲突是可以的，但是争斗没有必要。"

默奇对于剑拔弩张、随时可能爆发冲突的环境有很棒的观察:"人们听到的是你表达的内容,但是嗅到的是你背后的意图。"

她的建议是,要非常清晰自身的意图。如果你没有弄清楚通过对话你想要达成的目的,那么纠结统计资料是否完美或者花几个小时在脑子里排练如何表达都无济于事。你需要知道自己的意图是什么。

我最近问默奇:"为什么人们如此回避艰难对话?"在她看来,首要原因来自恐惧。"有道理,"我说,"但是害怕什么呢?"

她说:"如果人们能够识别出给予反馈这件事所激发的恐惧究竟是什么,其实就可以着手开始探索这些恐惧究竟是真是假了。"

默奇认为,很多人认为给予建设性反馈可能会破坏关系。人们更喜欢不惜一切代价来维持祥和。但是在 20 多年与企业合作的经验中,默奇其实很少看到人们因为给予尊重性反馈而导致关系恶化的案例。最糟糕的情况是,关系维持不变;更有利的情况是,彼此因为信任和尊重的加强从而形成了更好的关系。

如果你知道对方会以非常尊重的方式向你提供一些信息,你就会更信任他,也可以更好地进行双向沟通。

## "但我可能让他们不开心"

根据默奇所言,人们回避艰难对话的普遍原因是对于情绪化反应的恐惧。

如果我让他们不开心，他们哭了怎么办？因为害怕让其他人不开心而回避一场对话，其实就是允许内心的海鞘主持大局。有些人在你主动发起一次艰难的对话时可能会充满愤怒和攻击性。这也是我不喜欢的部分——我内心的海鞘也会回避这种类型的对话。

默奇说，因为担心他人的情绪化反应而回避艰难的对话，意味着将自身的舒适摆在了他人的成长之前。就像我们在之前章节所了解的，如果你想要对自己的习惯保持好奇，你就需要适应不舒服的感觉。我们可以聆听内心的海鞘想说些什么，但是它对我们的行动没有投票权。

你对于艰难对话的恐惧，很大程度上取决于你曾经经历过的棘手对话。如果你之前经常面对一个一听到反馈就会痛哭流涕的人，那么你很有可能不愿再去处理这样的问题。

梅乐蒂·霍布森（Mellody Hobson）是阿里尔投资公司（Ariel Investments）的联合首席执行官。她曾说，她没有时间应对情绪化反应，但非常理解在必要时刻进行反馈的重要性。

在一集《与亚当·格兰特聊工作》的播客节目中，霍布森讲述了她的导师曾对她提出非常严厉但颇具建设性反馈的经历。入选名人堂的篮球冠军、美国前参议员比尔·布拉德利（Bill Bradley）曾邀请她促膝长谈，向她解释为什么他对她的反馈是"她如果再不保持谨慎，就有可能成为不传球的球霸"。她说道："我记得我坐在那里，不断告诉自己'不要哭'。我不断怀疑自己，思考着'为什么他要对我说这些'。那种感觉很不好，但是我当时也在想,'如果我哭了,他就再也不会给我任何反馈了'。"

在播客里,霍布森解释说,根本没有人在给别人提供反馈后,还愿意再帮助那个人振作起来。所以和布拉德利长谈后,她一滴泪都没有流,她所思考的都是如何将他的建议付诸实践。

霍布森说,反馈并不总是包装精良的。当你接受反馈的时候,你得试着将给予反馈的方式和反馈所传达的信息分开来看。但是,你如果是给予反馈的一方,就要确保你有清晰的意图,准备好以对话的方式来回博弈。

默奇将有效的反馈描述为一种"舞蹈"或"网球拉锯战"。双方都需要努力和清晰的意图,也需要开放的意识和倾听的意愿。操作得当的反馈,其实可以很好地团结队伍,并消除彼此关系中的怨恨。

## ❓ 好奇起来吧

- 导致你思维反刍的沟通是什么样的？你能做到大胆去交流吗？

- 如何使你的意图更清晰？

- 如果你是一个领导者，潜在的不适感是否会阻止你提出反馈？

# 第 20 章
# 敷衍了事

*

我有一种非常强烈的感觉,爱的相反面不是恨,而是冷漠,是不屑一顾。

——利奥·巴斯卡利亚
（Leo Buscaglia）

纪录片《魔鬼经济学》(*Freakonomics*)中有一个故事的主题是"什么造就了好父母"。他们研究了社会与经济地位、年龄,以及父母花在孩子身上的时间,发现这些元素与好父母没有任何关联。

他们发现,很多父母都购买过育儿书,他们足够用心,愿意去买书,这足以使他们成为好父母。

父母需要有关爱之心,并且表现出他们的关爱之心。这跟商业领袖是一样的。如果你要领导团队,"关心"是最关键的特质。你必须用心对待员工,用心对待工作文化,也要真心在意你为员工树立的榜样。

卖掉忙碌经营了十几年的验光配镜店之后,我已经准备好开始下一场冒险——经营我的"压力重置"课程。在帮助人们学会压力处理之前,当时的我认为回顾一下那些年的经历,将好奇心代入我所学,重新梳理、做一次总结会是一个不错的主意。

通过回顾我发现,企业经营最佳的时期也是我最快乐的时期。有那么几年，我们缔造了全国纪录，打破了层层障碍，让企业更上一层楼。那几年里，我激励人们成为领袖。除此之外的那些年，我可谓涉水前行。

区别在哪里？

尽管承认这一点让我很痛苦，但是秘诀就在于我用心的程度。

在那几年里，当我这个领导者全力以赴的时候，企业的业务蓬勃发展。但是，当我敷衍了事的时候，业务就陷入了困境。我们和客户之间的联系越来越少，只是走走过场。我身为一个领导者，如果不用心（并且表现出来我很用心），其他人又凭什么用心呢？

回想起来，最奇怪的地方在于，我最享受的时候也恰好是最辛苦的时候。享受旅程、奋斗前行是最有趣的部分，尽管那时所面临的挑战也是巨大的。当时我每天工作长达14个小时，但是每每回想起来，我仍旧会由衷地自豪。

敷衍了事——不论是对于工作、运动、人际关系，甚至用毛线钩保龄球袋，还是在其他方面——都是一个奇怪的习惯。

企业领导者必须用心关怀员工，也必须展现出自己很用心。团队会注意到你的每一个行为。你所付出的每一次努力，都会带领你走向你想成为的领袖，也会为你所想创造的企业文化添砖加瓦。

压力可以成为威胁，也可以成为挑战。足够关心员工的领导者可以帮助员工把压力转化为挑战。伟大的领导者在团队走到压力的岔路口时，知道如何为团队指引方向。

只有将压力视为挑战，领导者才能在困难的时期找到更好的解决方法，在成就中收获自豪。而当压力成为威胁时，我们则会充满防御，自我封闭，甚至自私自利。

企业领导者，就像指引青少年度过艰难时刻的父母一样，是为员工和企业提供帮助的人。一个领导者的职责就是让周围的人感受到安全，让他们能够尽其所能地完成自己的工作。领导者需要足够用心，足够关心他人，也要愿意学习。

如果想要成为领导者，好奇心和学习的意愿是至关重要的，尤其是在现在这样充满创新的年代。比尔·盖茨每年大约要阅读50本书，其中有很多都是关于领导力的，他充满好奇心和创新精神，始终在寻找更好的方式改善我们的世界。他真的很用心。

我认为，我们可以将"关心"（CARE）拆解为以下四个元素，或者说四种特质：

- 一致性（consistent）：你每天都以不一样的状态示人，会导致你的工作伙伴压力倍增，焦虑频繁发作。

- 敏捷性（agile）：领导者需要在必要时刻迅速调转方向，做出改变。理解如何替换习惯，可以帮助你更加具有灵活度。

- 稳健性（robust）：如果你不善于应对压力，你就无法成为领袖。坚忍不拔是领导高效团队的关键。

- 同理心（empathetic）：理解他人，真正站在他人的视角看待问题，是"CARE"元素中不可或缺的一环。

当我在企业中教导"压力重置"课程时，其中一个关键因素就是建立"部落的安全感"。想要人们感受到安全，领导者需要承担首要责任。领导者必须用心关怀，同时具备"CARE"四元素，并且表现出他们的关心，才能让周围的人感受到安全。

我们有足够的安全感，压力才能转化为挑战。如果领导不愿用心关怀，或缺失了"CARE"中的任何一环，压力就会成为一个威胁，团队就会开始自我防御、自私自利，甚至愚蠢不堪。

敷衍了事是一个奇怪的习惯。如果只着眼眼前，不顾未来的话，毫不关心可能会暂时帮你舒缓压力，让你短暂地感觉好一会儿，但是最终一定会让你自食恶果。任何长期习惯的维护，都需要用心。

## ❓ 好奇起来吧

- 你的敷衍了事是什么样的？

- 你曾停止过关心吗？这样做对你有帮助吗？

- 哪一种"CARE"特质，是你需要培养建立的？

# 后记

我们都有奇怪的习惯——那些不能再为我们带来益处的思维方式、感受和行动。你如果想要改变这些习惯,就不要从匮乏、缺憾和失望的角度出发。你要弄清楚你想要的是什么,然后从感恩、接纳的角度出发。清晰地了解你的最佳版本是什么样的,改变是因为你想要改变,而不是因为你必须改变。

真实的改变来自好奇心。

在本书即将结束之际,我想带领你做一个有两个组成部分的思想实验,这是我的导师之一、领导力专家卡姆·施瓦布(Cam Schwab)教给我的练习。

假设你能回到过去,回到你现在年龄一半的时候。对我来说,那就是25岁的时候。不要担心,我不会说什么陈词滥调来教导你给年轻的自己一些人生建议。思想实验的第一部分是问自己一个问题:有什么是你想要感谢这个年轻人的?

他做了怎样的决定,让你走到了今天?他付出了哪些牺牲？他学到了什么，为今天的你奠定了基础？你会对年轻的自己说些什么，让他知道你对他的感恩之情？

在第9章中，我们谈论了落差，现在的你和你想成为的自己之间的落差。感恩就是弥合这种落差的方式。这意味着将已取得的成果视为基础，在这个基础之上，逐步走向未来。

对我来说，我很感恩年轻的我在艰难时期所表现出的努力和坚忍。我很感恩他能够在我还是个瘾君子、大脑和心理健康双双出问题的时刻力挽狂澜。我很感恩他（更重要的是凯伦）通过试管婴儿的方式，有了漂亮的女儿，现在女儿已出落成出色的年轻女士。

年轻的我冒过一些险，搞砸过一些事，也学到了一些非常酷的东西。我很高兴他有足够的好奇心去遍访名师，阅读书籍，一直上进地探索改善的方法。我很感恩他在婚姻触礁的时候奋斗，我真的很感激他竭尽所能地成为一名更好的丈夫（我现在也在为之努力）。虽然花了些时间，但是我很开心他终于明白了：尽管有些东西很棒，但并不意味着越多越好。

感恩是面对过去的。然而过去也总是会有一些错失机遇的遗憾或者做错决定的懊恼。遗憾是人生的学费——你付出些代价，从中学习，这会将你带到现在所处的位置。这并不是有毒的积极性，有些教训确实很糟心。真正重要的是接纳过往，学会不再重复地去做那些与真实的你想法不一致的事情。

思想实验的第二部分就是：往前推了多少年，就往后推同样的时间，然后问自己一个问题——年长的你会感谢现在的你什么？

75 岁的老卢克会因为什么感谢现在的卢克呢？他会感谢我保持身体健康，照顾好了膝盖；他会感谢我练习普拉提，也会感激我学会了推球入洞。希望老卢克可以感谢我找到了新的导师，一直保持着好奇。他会感谢我足够慷慨，帮助了很多的人，让他能够为自己 75 年来所做的贡献感到自豪。他会感谢我建立了桥梁，与我爱的人、爱我的人保持着联络。

　　我希望未来的我可以感激现在的我有足够的勇气进行艰难的对话，保持诚恳，享受山顶风光的同时也能拥抱整个旅程，无论上山还是下山。他会感谢我保持良好睡眠、阶段性禁食、减少碳水化合物的摄入，同时追求不依赖酒精的健康生活。他会自豪于我不断与冒充者综合征做斗争，通过出书、开展课程来帮助他人。他会感谢我勇于去做繁重的苦力，改变那些不再对我有帮助的默认习惯循环。

　　在引言中，我引用了马歇尔·戈德史密斯的名言：把你带到今天的，未必助你走向未来。

　　我的愿望是：未来的我会感谢现在的我坚持本体目标，一直保持着好奇、创造力和慷慨。

　　我希望未来的你会感谢自己阅读了这本书，感谢你开始对自己的习惯产生好奇。如果你能做到，现在的我会为你开心。

# 致谢

正如我在之前所言,我并不是第一个认识到前人早已思考过一切的人。本书就像一次博览会,汇聚了几代前人的智慧——从斯金纳到福格,从布琳·布朗到贾德森·布鲁尔,从约翰·哈里到本杰明·哈迪和马尔科姆·格拉德威尔。书籍是我人生的重要组成部分,我非常感激这些了不起的作者,他们的书重塑了我对世界的看法。本书汇总了前人的一些"食谱",希望我选取了每道菜最精良的部分,综合成了一道诱人的佳肴。我永远感谢启发我、教导我的作者们。

感谢米克·泽利科,教导我神经学知识,他也是我最喜欢与之头脑风暴、互换想法的人。

感谢乔治娅·默奇、佩奇·威廉姆斯(Paige Williams)、林恩·卡扎利(Lynne Cazaly)和艾米·西尔弗,他们教会了我勇敢,让我知道如何以善良为出发点开展艰难的对话。感谢所有接受我"教练指导"的来访者,你们教给我的比我教给你们的还要多。

有人说"你无法给粪球抛光",但是我的编辑布鲁克·里昂能在我混杂着各式比喻和糟糕的语法组合中找到好想法,感谢她的抛光技巧,让这本书成为一本可读物。我会想念我们的聊天。

最后,也是最重要的,感谢我美丽的太太凯伦(你是能拉住我这个氦气球的绳子),感谢我的女儿克洛伊,你们能够在我反复提出未成形的想法时给予我足够的容忍,这足以彰显你们的爱。感谢你们在我需要的时候给我空间,也感谢你们每次都能将我拖出低潮。

感谢你,我亲爱的读者,如果你看到了这里,我诚挚地感谢你,希望你可以对自己的习惯焕发全新的爱和好奇。

感谢你坚持到最后。无以言表!

# 参考文献

Achor, S (2011). *The Happiness Advantage: The Seven Principles that Fuel Success and Performance at Work.* Random House UK.

Ariely, D (2010). *Predictably Irrational: The Hidden Forces that Shape Our Decisions.* HarperCollins Publishers.

Brewer, J & Kabat-Zinn, J (2018). *The Craving Mind: From Cigarettes to Smartphones to Love—Why We Get Hooked and How We Can Break Bad Habits.* Yale University Press.

Brewer, J (2021). *Unwinding Anxiety: Train Your Brain to Heal Your Mind.* Random House UK.

Brown, B (2016). *Daring Greatly: How the Courage to Be Vulnerable Transforms the Way We Live, Love, Parent, and Lead.* Penguin UK.

Brown, B (2021). *Atlas of the Heart: Mapping Meaningful*

*Connection and the Language of Human Experience*. Vermillion.

Clear, J (2018). *Atomic Habits: An Easy and Proven Way to Build Good Habits and Break Bad Ones*. Random House UK.

David, S (2017). *Emotional Agility: Get Unstuck, Embrace Change and Thrive in Work and Life*. Penguin UK.

DeSanti, M (2019). *New Man Emerging: An Awakening Man's Guide to Living a Life of Purpose, Passion, Freedom & Fulfillment*. Waterside Productions.

Duhigg, C (2013). *The Power of Habit: Why We Do What We Do, and How to Change*. Random House UK.

Dweck, C (2017). *Mindset: Changing the Way You think To Fulfil Your Potential*. Little Brown.

Eyal, N (2022). *Indistractable: How to Control Your Attention and Choose Your Life*. Bloomsbury Publishing.

Fogg, BJ (2021). *Tiny Habits: The Small Changes That Change Everything*. Random House UK.

Fung, J (2016). *The Obesity Code: Unlocking the Secrets of Weight Loss*. Scribe Publications.

Gilbert, D (2006). *Stumbling on Happiness*. HarperCollins Publishers.

Gladwell, M (2020). *Talking to Strangers: What We Should Know about the People We Don't Know*. Penguin UK.

Goggins, D (2018). *Can't Hurt Me: Master Your Mind and Defy the Odds*. Lioncrest Publishing.

Grant, A (2021). *Think Again: The Power of Knowing What You Don't Know*. Random House UK.

Hardy, B (2018). *Willpower Doesn't Work: Discover the Hidden Keys to Success*. Hachette Books.

Hari, J (2019). *Lost Connections: Uncovering the Real Causes of Depression – and the Unexpected Solutions*. Bloomsbury Publishing.

Hari, J (2022). *Stolen Focus: Why You Can't Pay Attention*. Bloomsbury Publishing.

Irvine, WB (2021). *The Stoic Challenge: A Philosopher's Guide to Becoming Tougher, Calmer, and More Resilient*. W. W. Norton & Company.

Kross, E (2021). *Chatter: The Voice in Our Head and How to Harness It*. Random House UK.

McCubbin, A (2021). *Why Smart Women Make Bad Decisions: And How Critical Thinking Can Protect Them*. Major Street Publishing.

McGonigal, K (2012). *Maximum Willpower: How to Master the New Science of Self-Control*. Pan Macmillan UK.

McGonigal, K (2013). *The Willpower Instinct*. US.

McGonigal, K (2021). *The Joy of Movement: How Exercise Helps Us Find Happiness, Hope, Connection, and Courage*. Penguin Group.

McKay, A (2021). *You Don't Need an MBA: Leadership

*Lessons That Cut Through the Crap.* Major Street Publishing.

Milkman, K (2022). *How to Change: The Science of Getting from Where You Are to Where You Want to Be.* Random House UK

Panda, S (2018). *The Circadian Code: Lose Weight, Supercharge Your Energy and Sleep Well Every Night.* Random House UK.

Shetty, J (2020). *Think Like a Monk: How to Train Your Mind for Peace and Purpose Everyday.* HarperCollins Publishers.

Silver, Dr A (2021). *The Loudest Guest: How to Change and Control Your Relationship With Fear.* Major Street Publishing.

Sullivan D & Hardy, Dr B (2021). *The Gap and the Gain: The High Achievers Guide to Happiness, Confidence, and Success.* Hay House.

Weekes, Dr C (1995). *Self Help for Your Nerves.* HarperCollins Publishers.

von Hippel, W (2018). *The Social Leap: How and Why Humans Connect.* Scribe Publications.